《森林昆虫学实验与实习指导》编委会

主　编：郑霞林

副主编：胡　平　王小云

参　编：高琼华　李懋辅　陆　温　谭辉华
　　　　佟　心　王国全　王乐韵

内容简介

《森林昆虫学实验与实习指导》主要介绍森林昆虫学实验与实习的基本内容、常规技术和操作方法。本书分为实验篇和实习篇，实验篇共有16项实验教学内容，分别为昆虫外部形态的观察，昆虫内部器官的观察，昆虫生物学，昆虫纲分目，等翅目、缨翅目、直翅目分科，半翅目分科，鞘翅目分科，鳞翅目分科，双翅目分科，膜翅目分科，森林主要食叶害虫的识别，森林主要刺吸害虫的识别，森林主要种实害虫的识别，森林主要蛀干害虫的识别，森林主要地下害虫的识别，化学药剂常用剂型的识别及配置方法；实习篇共有3项实习教学内容，分别为森林昆虫的实地调查，森林昆虫标本采集、制作与保存，森林害虫药械及实训和认知训练。

本书与森林昆虫学教材的理论体系、知识模块基本保持一致，但侧重于常规技术和操作方法，为读者进一步理解和掌握森林昆虫学有关基础理论，教学重点、难点内容及野外实践提供指导。

本书可作为高等农林院校、高等职业院校等院校森林保护和林学等相关专业本科生课程实践教学环节的教材或教学参考书。

前言

森林昆虫学课程是高等农林院校和职业院校森林保护专业和林学专业等相关专业的核心课程。

森林昆虫学室内实验和室外实习是森林昆虫学课程的重要组成部分和教学环节，是理论联系实际的基本途径。然而，目前我国关于森林昆虫学实验与实习指导方面的教材或教学参考书极少，绝大部分为内部讲义或使用《普通昆虫学实验指导书》。鉴于此，编写出版了本书，以期让学生在实验与实践过程中能更好地理解基础理论，掌握基本技能，认识常见森林昆虫种类，熟悉针对森林害虫常用的防治药剂、药械及操作方法。

本书与森林昆虫学教材的理论体系保持一致，但更侧重于实践，并增加了化学药剂常用剂型的识别及配置方法，森林昆虫标本采集、制作与保存，森林害虫药械及实训和认知训练等新知识、新技能，使本书内容综合性更强，涵盖面更广，力求提高学生的专业素质、关键技能和实践能力，增强学生对“人与自然和谐共生”科学自然观等习近平生态文明思想的认识，以便就业后能较快适应森林保护或林学等领域的生产、研究和管理工作。

目前，全国不同高等农林院校和职业院校森林保护专业或林学专业等相关专业森林昆虫学课程的实验与实习教学学时各不相同。本书共设计了16项实验和3项实习内容，各高校可根据本单位专业培养方案中对森林昆虫学课程课时的安排，灵活选择实验与实习的教学内容。

参加本书编写工作的人员及其编写内容如下：高琼华编写实验一和实验二，王乐韵编写实验三，王国全编写实验四至实验十，胡平编写实验十一和实验十二，王小云编写实验十三和实习一，陆温编写实验十四，佟心编写实验十五，谭辉华编写实验十六，郑霞林编写实习二，郑霞林和李懋辅编写实习三。郑霞林负责全书的统稿、审稿和定稿。

本书在编写过程中，参考了前辈们的教材、专著、标准及论文，并引用了其中的部分内容，在此向他们表示感谢。同时，感谢贾豹、杨忠武、奚福生、牛耕耘、任向明、徐杰、杨再华、于永浩、杨秀好、陆千乐、石柒、Smith JC、Kang A、Shashank PR和Smirnov ME提供了宝贵的图片素材；感谢欧阳慧丽、秦凤萍、郑光楠、刘作钧、韦建松、张苧尹在标本整理、拍照及绘图过程中给予的帮助。

由于编者的水平有限，书中难免会有错误和不妥之处，恳请读者批评指正。

编　者

2021年12月

目录

前言

实验篇　森林昆虫学实验

实习篇 森林昆虫学教学实习

实验篇

森林昆虫学实验

实验一　昆虫外部形态的观察

实验二　昆虫内部器官的观察

实验三　昆虫生物学

实验四　昆虫纲分目

实验五　等翅目、缨翅目、直翅目分科

实验六　半翅目分科

实验七　鞘翅目分科

实验八　鳞翅目分科

实验九　双翅目分科

实验十　膜翅目分科

实验十一　森林主要食叶害虫的识别

实验十二　森林主要刺吸害虫的识别

实验十三　森林主要种实害虫的识别

实验十四　森林主要蛀干害虫的识别

实验十五　森林主要地下害虫的识别

实验十六　化学药剂常用剂型的识别及配置方法

实验一 | *Experiment 1*

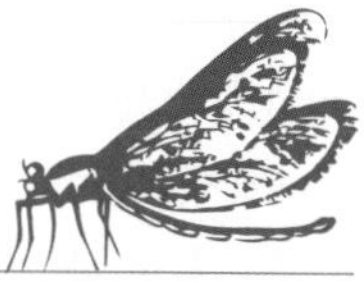

昆虫外部形态的观察

一、实验目的

1.观察和比较节肢动物门中昆虫纲与重足纲、蛛形纲、唇足纲、软甲纲间外部形态特征的区别，掌握昆虫纲的基本形态特征。

2.观察昆虫的头、胸和腹部及其附肢，掌握昆虫的基本构造。

二、实验材料和工具

（一）实验材料

①昆虫纲与近缘纲外部形态特征的比较：黄脊雷蓖蝗、马陆、蜘蛛、蜈蚣、虾、蟹。

②昆虫不同类型口器的比较：黄脊雷蓖蝗、蚱蝉、箭环蝶、榕管蓟马、家蝇、中华蜜蜂。

③昆虫不同类型触角的比较：黄脊雷蓖蝗、蚱蝉、箭环蝶、家蝇、中华蜜蜂、土垄大白蚁、大斑芫菁、松瘤象、线茸毒蛾、白纹伊蚊、钩纹皮蠹、红脚异丽金龟。

④昆虫不同类型眼的比较：蚱蝉、松瘤象、中华大刀螳、狭腹灰蜻成虫、小地老虎幼虫。

⑤昆虫不同类型足的比较：黄脊雷蓖蝗、松褐天牛、东方蝼蛄、中华大刀螳、金边龙虱、中华蜜蜂。

⑥昆虫不同类型翅的比较：黄脊雷蓖蝗、箭环蝶、中华蜜蜂、家蝇、松瘤象、石蛾、麻皮蝽、榕管蓟马。

⑦昆虫腹部的观察：黄脊雷蓖蝗。

（二）实验工具

双目体视镜、放大镜、解剖针、镊子、培养皿等。

三、实验内容

（一）昆虫纲与近缘纲外部形态特征的比较

为比较昆虫纲与重足纲、蛛形纲、唇足纲、软甲纲间外部形态特征的区别，取马陆、蜘蛛、蜈蚣、虾、蟹、黄脊雷蓖蝗的标本分别置于培养皿内，采用目视法观察昆虫纲与近缘纲动物体躯分段、复眼、单眼、触角、足、翅的区别。目视法无法观察到的结构或特征，观察者可左手转动培养皿，直至需要被观察的结构面向观察者，然后右手持放大镜，单眼抵近观察。观察过程中，重点观察和比较昆虫纲与近缘纲体段/节、体壁及其上附肢的区别（图1-1、表1-1）。

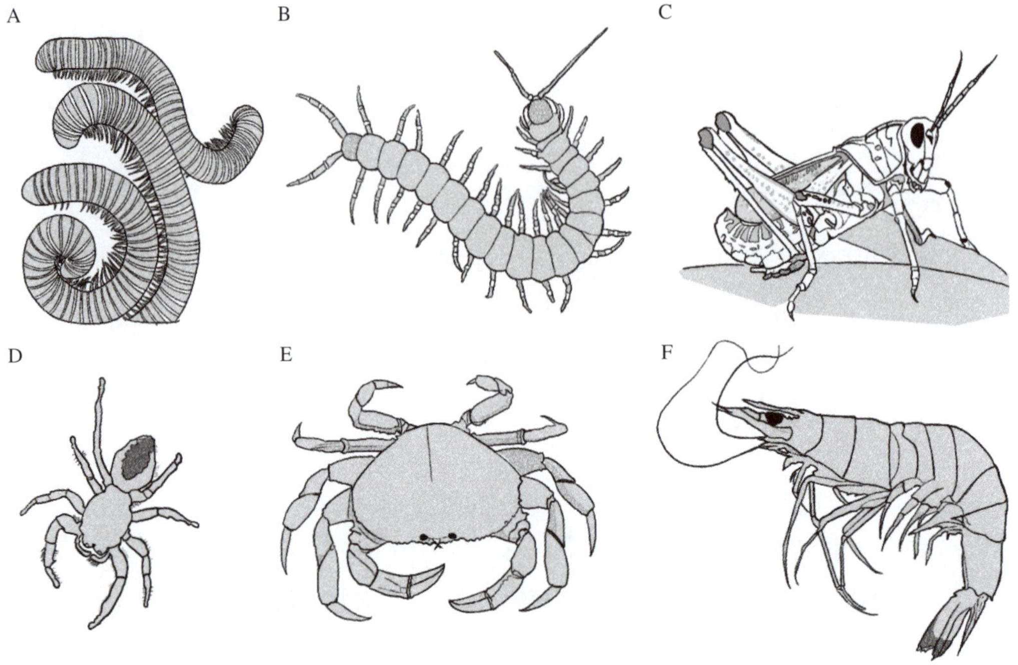

图1-1　节肢动物门中昆虫纲与近缘纲动物的外部形态
A.马陆　B.蜈蚣　C.蝗虫　D.蜘蛛　E.螃蟹　F.虾

表1-1　节肢动物门主要纲动物外部形态的区别

纲名	体躯分段	复眼	单眼	触角	足	翅	代表种
昆虫纲	头、胸、腹	1对	0～3个	1对	3对	2对或0～1对	蝗虫
蛛形纲	头胸部、腹部	无	2～6对	无	2～4对	无	蜘蛛
软甲纲	头胸部、腹部	1对	无	2对	至少5对	无	蟹、虾
唇足纲	头部、胴部	1对	无	1对	每节1对	无	蜈蚣
重足纲	头部、胴部	1对	无	1对	每节2对	无	马陆

（二）昆虫体躯基本构造的观察

昆虫的体躯分为头、胸、腹3个部分，每部分均由若干环节组成（图1-2）。为掌握昆虫体躯的基本构造，取黄脊雷蓖蝗针插标本，插在小块泡沫板（长×宽＝10cm×10cm）上，采用目视法观察黄脊雷蓖蝗左右对称的体躯及外骨骼；然后观察体躯的头部、胸部和腹部3个体段，以及各体段上着生的附肢。目视法无法观察到的结构或特征，可借助手持放大镜或双目体视镜观察。

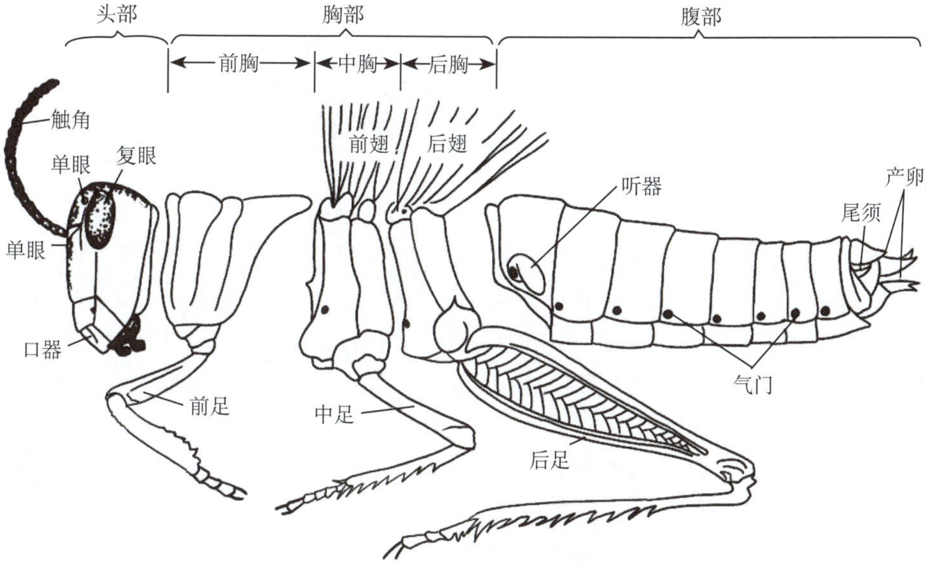

图1-2 昆虫体躯基本构造

1.体躯的观察

昆虫的体躯表面是坚硬的外骨骼，分为头、胸、腹部3个体段，整个体躯由连续的体节组成。

2.昆虫头部的观察

头部是昆虫体躯的第一体段，各体节愈合成坚硬的头壳，一般呈圆形或椭圆形。头部通常有口器、1对触角、1对复眼和2 ~ 3个单眼。因此，头部是昆虫感觉和取食中心。

3.昆虫胸部的观察

胸部是昆虫体躯的第二体段，由前胸、中胸和后胸3个体节组成。每体节均由4块骨板构成，背面的称为背板，左右两侧的称为侧板，腹面的称为腹板。各体节侧板与腹板之间各着生1对足，分别称为前足、中足和后足。中胸和后胸的背板与侧板间各着生1对翅，分别称为前翅和后翅。因此，胸部是昆虫运动的中心。

4.昆虫腹部的观察

腹部是昆虫体躯的第三体段，一般由9 ~ 11体节组成，末端常着生有外生殖器、尾须及肛门。其1 ~ 8节两侧常各具气门1对。每个腹节只有背板和腹板，无侧板，背板与腹板之间由侧膜相连，节与节之间由节间膜相连。内脏器官大部分在腹腔内。因此，腹部是昆虫新陈代谢和生殖的中心。

（三）昆虫头部的观察

观察口器、触角、复眼和单眼的基本构造、类型及其着生位置。

1.昆虫口器的基本构造和主要类型

口器是昆虫的取食器官，主要由上唇、上颚、下颚、下唇和舌组成。由于昆虫的种类、食性和取食方式不同，它们的口器在外形和构造上发生了很大程度的特化，可分为以下几类。

①咀嚼式口器：是昆虫中最基本也是最原始的口器类型，其他口器类型均由咀嚼式口器演化而成。取黄脊雷蓖蝗的头部，用镊子分别将口器各部分依次逐步取下，放在培养皿内详细观察。上唇是位于唇基下方的1块膜片，是口前腔的前壁；上颚1对，位于上唇之后，为坚硬的锥状或块状物，用于切断、撕裂和磨碎食物；下颚1对，位于上颚之后下唇之前，主要协助取食，具下颚须；下唇左右相互愈合为1片，具有下唇须；舌位于口腔的中央，为一囊状物，具有帮助运送与吞咽食物的功能，并专司味觉（图1-3A）。

②刺吸式口器：观察蚱蝉，上唇特化为三角形薄片，头下方有1根3节的管状下唇；将头取下，左手执蝉的头部，使其正面向上，下唇向右，右手轻按下唇；将下唇自基部轻轻拉掉，在双目体视镜下观察可见由上、下颚组成的3根口针，两侧为1对上颚口针，中间为由2个下颚嵌合而成的下颚口针，用解剖针轻轻挑动口针基部可将其分开；下唇特化为包住口针的喙（图1-3B）。

③虹吸式口器：取箭环蝶观察，上唇、上颚和下唇退化，下颚和外颚叶组成1条细长卷曲似发条状的喙，下唇须位于喙基部两侧（图1-3C）。

④锉吸式口器：在双目体视镜下观察榕管蓟马标本，可见其倒锥状的头部内有3根口针（由左上颚和2个下颚组成），右上颚退化或消失。左上颚口针较粗大，突出在口器外，是主要的穿刺工具，2个下颚口针组成食物道，舌与下唇口针组成唾液道（图1-3D）。

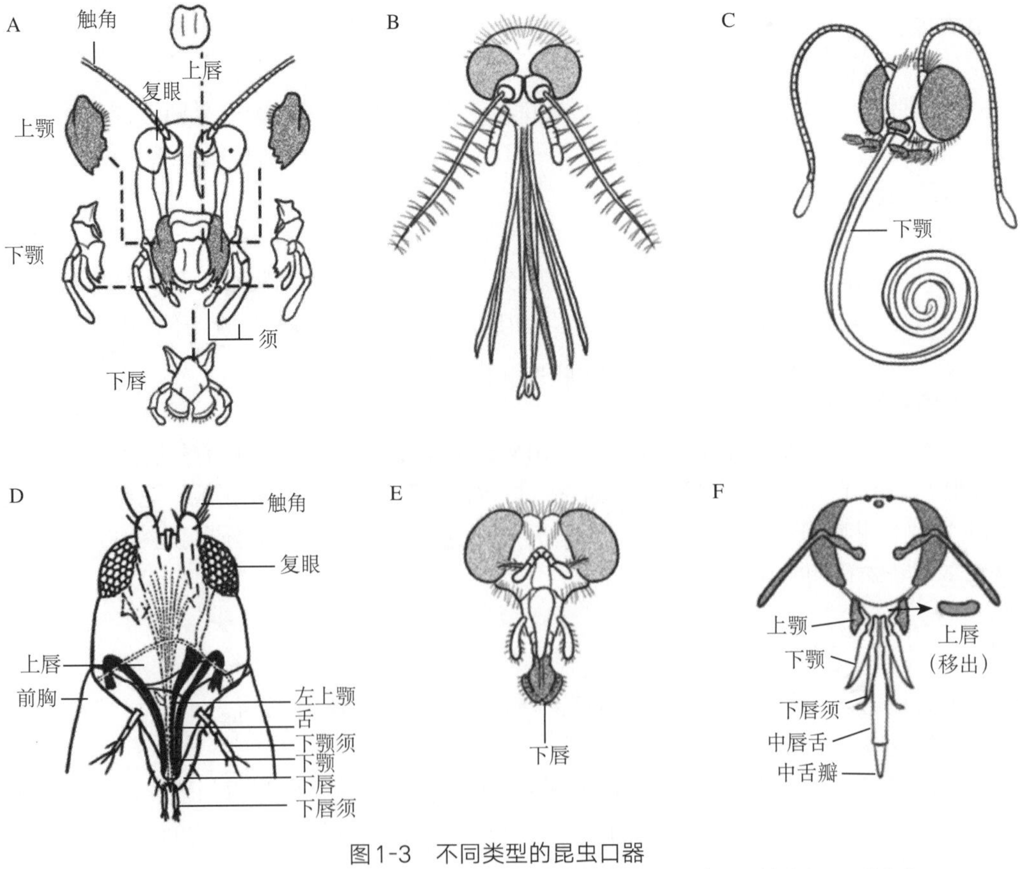

图1-3 不同类型的昆虫口器

A.咀嚼式 B.刺吸式（仿Metcalf） C.虹吸式 D.锉吸式（仿Metcalf） E.舐吸式 F.嚼吸式

⑤舐吸式口器：取家蝇观察，其取食时伸出来的最大部分是下唇，下唇末端特化成海绵状的唇瓣以便于舐吸食物。下唇上面有1块细小薄片是上唇。而上颚完全消失，下颚也仅剩1对触须（图1-3E）。

⑥嚼吸式口器：取中华蜜蜂观察，该口器兼有咀嚼和吸收两种功能。上颚发达，用来营巢和咀嚼固体食物，下颚和下唇联合延伸特化形成能吮吸液体食物的吸管；下唇、中唇舌及下唇须延长成吮吸机构，借以从花中吮吸花蜜（图1-3F）。

2.昆虫的头式

昆虫头部的形式称为头式。根据口器在头部着生位置的不同，可将昆虫的头式分为下口式、前口式和后口式。

观察蝗虫，口器着生在头部下方，头部的纵轴和虫体纵轴大致成直角，这种头式称为下口式（图1-4A），适于取食植物或捕食性的昆虫。如蟋蟀、天牛、蛾/蝶幼虫、虎甲等。

观察步甲，口器着生在头部前方，头部的纵轴与身体的纵轴呈钝角或几乎平行，这种头式称为前口式（图1-4B），适于潜食、钻蛀和捕食性的昆虫。如天牛幼虫、瓢虫等。

观察蝉，口器向后斜伸，贴在身体的腹面，头部的纵轴与身体的纵轴几乎成锐角，这种头式称为后口式（图1-4C），适于刺吸植物或动物汁液的昆虫。如蝽、蚜虫、介壳虫等。

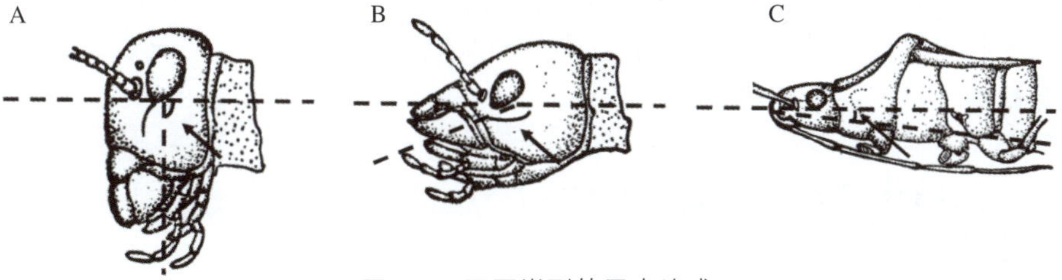

图1-4　不同类型的昆虫头式
A.下口式　B.前口式　C.后口式

3.触角的基本构造及类型

（1）触角基本构造的观察

触角是昆虫主要的感觉器官，形态变化大，但基本构造相同，都是1对分节的附肢，由柄节、梗节和鞭节组成（图1-5）。

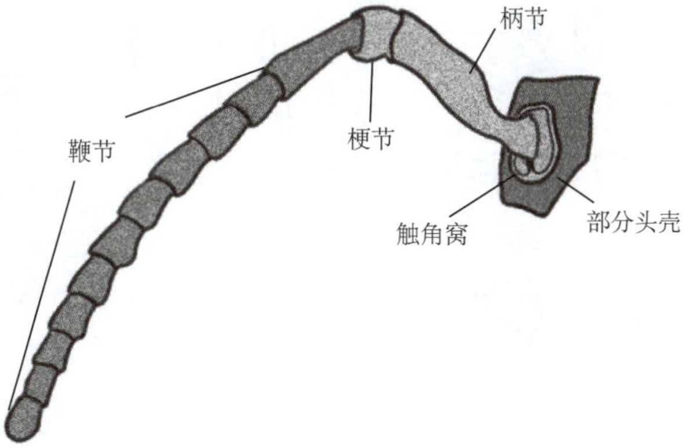

图1-5　触角的基本构造（仿Snodgrass）

用手持放大镜或双目体视镜，观察黄脊雷蓖蝗、中华蜜蜂、土垄大白蚁等昆虫触角的基本构造，区别柄节、梗节、鞭节，需特别注意鞭节，其是由若干小节组成的。

①柄节：为触角基部的第一节，通常粗短，着生于触角窝内，四周由膜与头壳相连。

②梗节：为触角的第二节，较细小。

③鞭节：为第二节之后的部分，由若干小节组成，变化很大，形成很多类型。

（2）不同触角类型的观察

用手持放大镜或双目体视镜，观察黄脊雷蓖蝗、蚱蝉、箭环蝶、中华蜜蜂、家蝇、松瘤象、土垄大白蚁、大斑芫菁、线茸毒蛾、白纹伊蚊、钩纹皮蠹、红脚异丽金龟等标本的触角形态，区分不同触角类型。

触角的主要类型包括以下12种（图1-6）。

①刚毛状（又称鬃状）：触角短小，基部1 ～ 2节粗短，鞭节纤细似刚毛或鬃毛，如蝉、蜻蜓等。

②丝状（又称线状）：触角细长，鞭节由许多大小相似的小节相连成细丝状，向端部逐渐变细，如蝗虫、蟋蟀、天牛等。

③念珠状：鞭节各小节近似圆珠形，大小相似，整个触角形似一串念珠，如白蚁。

④锯齿状：鞭节各小节向一侧突出成三角形，形如锯齿，如叩甲和芫菁等。

⑤栉齿状：鞭节各小节向一侧突出成梳齿，形似梳子，如绿豆象雄虫。

⑥羽毛状（又称双栉齿状）：鞭节各小节向两侧呈细枝状突出，形似羽毛，如毒蛾、樟蚕蛾等蛾类。

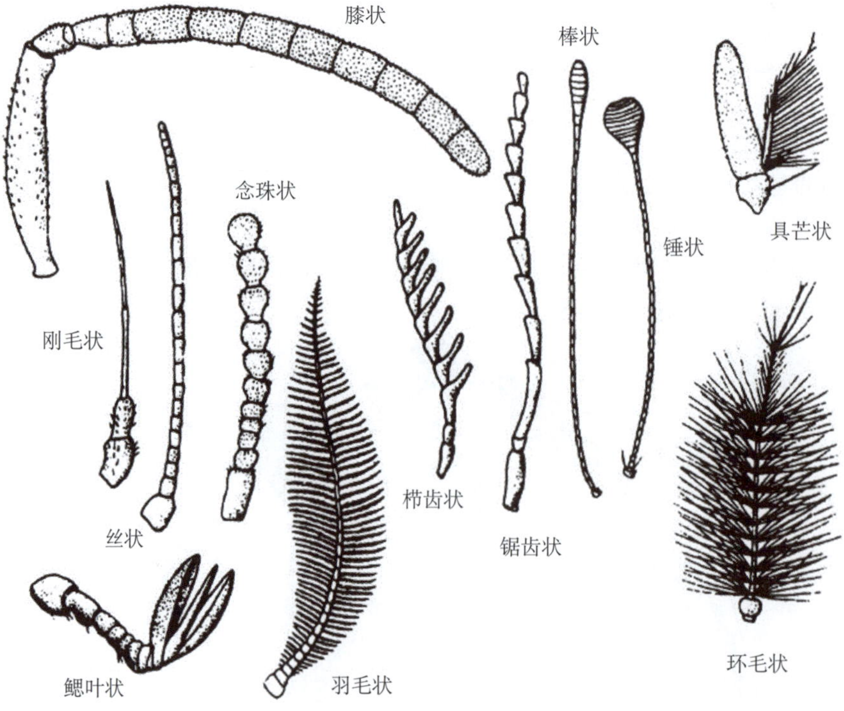

图1-6　不同类型的昆虫触角（仿周尧、管致和等）

⑦膝状（又称肘状）：柄节特长，梗节短小，鞭节各小节大小相似，与柄节呈膝状或肘状弯曲，如蜜蜂。

⑧具芒状：触角短，鞭节仅1节，但异常膨大，其背侧面着生一芒状构造，称触角芒，芒上有时具细毛，如蝇类。

⑨环毛状：鞭节各小节均具1圈细毛，愈接近基部的细毛愈长，渐渐向端部减少，如摇蚊雄虫。

⑩棒状：触角基部各节细长如杆，端部数节逐渐膨大，整个形状似1根棒球杆，如蝶类。

⑪锤状：触角基部各节细长如杆，端部数节突然膨大，末端平截，形状似锤，如露尾甲、郭公甲、皮蠹等。

⑫鳃叶状：触角鞭节端部数节向一侧扩展成薄片状，相叠在一起形似鱼鳃，如金龟甲。

4.眼的基本构造和类型

眼是昆虫的视觉器官，在昆虫取食、栖息、繁殖、避敌、决定行动方向等活动中起着重要作用，主要包括单眼和复眼两种类型。

取蚱蝉、松瘤象、中华大刀螳、狭腹灰蜻、朱红毛斑蛾等昆虫的成虫及小地老虎幼虫置于双目体视镜下，观察复眼和单眼。

复眼（1对）位于头的两侧，由不定数量的小眼集合形成，是昆虫的主要视觉器官（图1-7A）。一般复眼越大，其小眼数量越多，视物也越清晰。对光的强度、波长、颜色等有较强的分辨能力。昆虫一般只能看见近距离的物体，如蝶类只能辨识1 ～ 1.5m的物体。

单眼可分为背单眼和侧单眼。背单眼位于成虫和若虫的头顶，0 ～ 3个，通常排列成三角形，有的昆虫种类仅有2个或无。侧单眼多见于全变态昆虫的幼虫，位于头部两侧，一般各有1 ～ 6个，有的每侧可多达7个（图1-7B）。

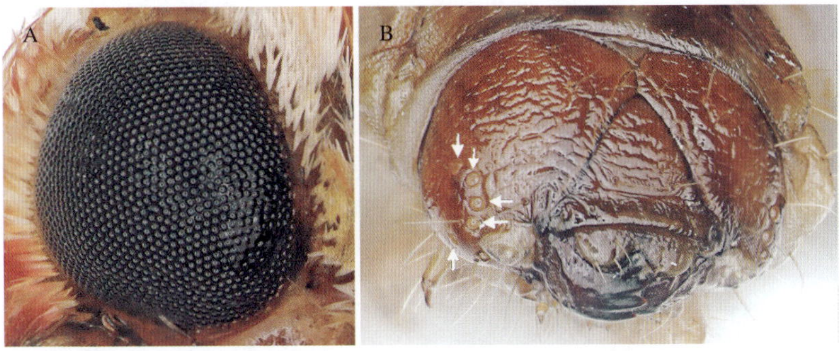

图1-7 不同类型的昆虫眼

A. 成虫复眼 B. 幼虫的侧单眼（箭头所指之处）

（四）昆虫胸部的观察

昆虫的胸部由前胸、中胸和后胸3节组成，每个胸节的侧下方均着生1对足，依次称为前足、中足和后足。在中胸和后胸的背面两侧，通常各着生1对翅，分别称为前翅和后翅，部分种类后翅退化成平衡棒，部分种类翅完全缺失。

1.足的基本构造及类型

以黄脊雷蓖蝗的中足为例，观察足的基本构造。从基部向端部依次为基节、转节、腿节、胫节、跗节和前跗节，除前跗节外，各节大都呈管状，节间有膜相连，可以弯曲活动（图1-8）。

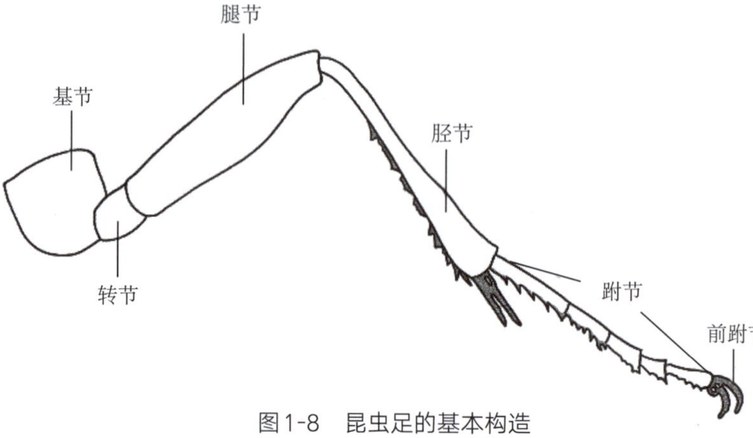

图1-8　昆虫足的基本构造

不同种类的昆虫，因其生活环境和生活方式的不同，足的构造和功能也发生了很大变化。用手持放大镜或双目体视镜，对比观察黄脊雷蓖蝗、松褐天牛、东方蝼蛄、中华大刀螳、金边龙虱等标本，辨别它们足的变化特点。昆虫足的主要类型包括以下8种。

①步行足：足均细长，各节无显著的变异，最适于担负行走的功用，如瓢虫、步行虫、天牛等（图1-9A）。

②开掘足：胫节宽扁有齿，适于挖土，如蝼蛄、金龟甲成虫、蝉的若虫等土栖昆虫的前足（图1-9B）。

③跳跃足：腿节发达，胫节细长。当腿节肌肉收缩时，折在腿节下的胫节突然伸开使虫体向前上方快速运动，如蝗虫、跳甲和跳蚤的后足（图1-9C）。

④捕捉足：基节多延长，腿节发达，腿节与胫节上多有相对的齿或刺，捕食时防止猎物逃脱，如螳螂的前足（图1-9D）。

⑤携粉足：各节均具有长毛，胫节基部较宽扁，边缘有长毛，形成花粉篮，第一跗节很大，内侧具有数排横列的硬毛，用以梳理附着在体毛上的花粉，如蜜蜂的后足（图1-9E）。

⑥抱握足：较短粗，跗节特别膨大，具吸盘状构造，在交配时能挟持雌虫，如龙虱雄虫的前足（图1-9F）。

⑦攀缘足：跗节只有1节，前跗节为一大型钩状的爪，胫节肥大，外缘有一指状突起，当爪向内弯曲时，尖端可以和胫节端部的指状突起密接，构成钳状构造，可以牢牢地夹住寄主的毛发，如虱类的足（图1-9G）。

⑧游泳足：稍扁平，具较密缘毛，形若桨，适于划水。水生昆虫的足（除有些种类的前足外）均有不同程度的适应游泳的形态特化，如龙虱的后足（图1-9H）。

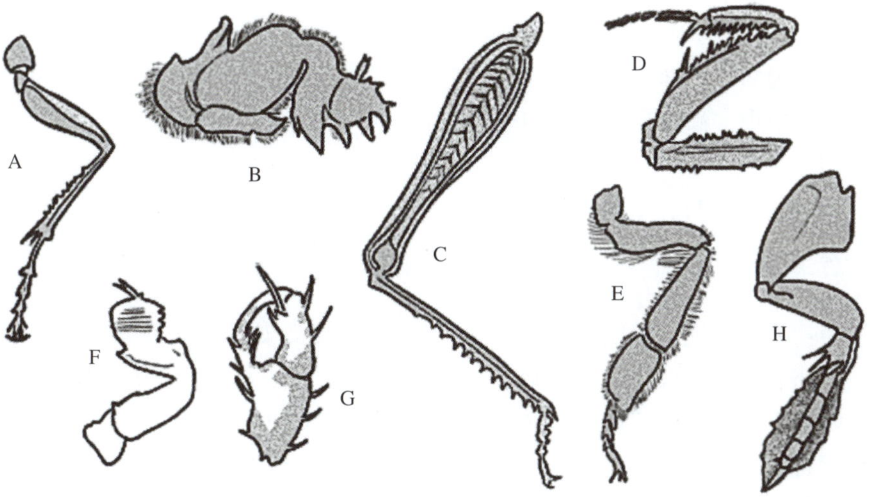

图1-9　不同类型的昆虫足

A.步行足　B.开掘足　C.跳跃足　D.捕捉足　E.携粉足　F.抱握足　G.攀缘足　H.游泳足

2.翅的基本构造及类型

翅是昆虫的飞行器官，昆虫中胸和后胸各有1对，分别称为前翅和后翅。昆虫的翅是由背板和两侧体壁的褶延伸形成。一般近三角形，具有3缘和3角，分别称为前缘、外缘和后缘，肩角、顶角和臀角。翅脉是从翅的基部通向尖端逐渐硬化的大小管状的隆起。翅脉的排列方式称为脉序。昆虫的脉序变化多样，是昆虫分类的重要依据之一。

将箭环蝶前翅平展后置于双目体视镜下观察，靠近头部的一边称为前缘，靠近尾部的一边称为后缘（也称内缘），前、后缘之间的边称外缘。翅基部的角称为肩角，前缘与外缘之间的夹角称为顶角，外缘与内缘之间的夹角称为臀角。为了适应翅的折叠与飞行，翅上通常有3条褶线将翅面分为腋区、臀前区、臀区和轭区（图1-10）。

不同种类的昆虫，其翅的有无、数目、形状、发达程度、质地和覆盖物等也存在一定差异。取黄脊雷蓖蝗、箭环蝶、中华蜜蜂、家蝇、松瘤象、石蛾、麻皮蝽、榕管蓟

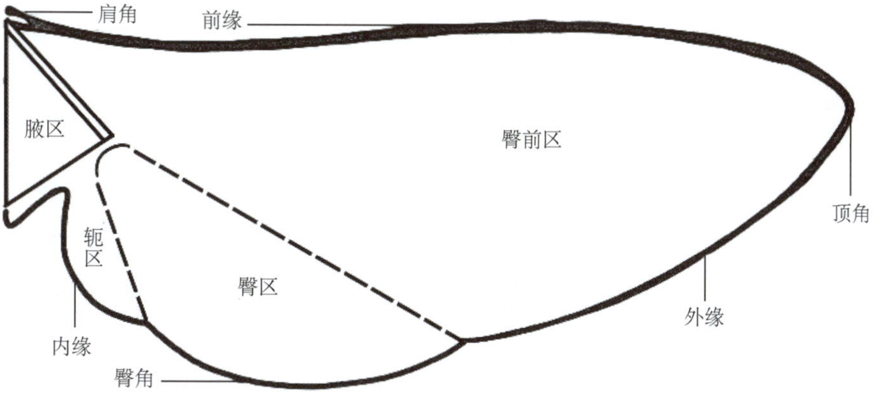

图1-10　昆虫翅的基本构造（仿Snodgrass）

马等，观察和比较它们前、后翅的类型及其质地和形状的变异。昆虫翅的主要类型包括以下8种。

①膜翅：膜质翅，薄而透明，翅脉明显可见，如蜂类、草蛉、蝉和蜻蜓的前、后翅，蝇类的前翅，甲虫、蝗虫和蝽的后翅等（图1-11A）。

②缨翅：膜质，前、后翅狭长，翅脉退化，翅边缘有很多长而整齐的缨状缘毛，如蓟马类昆虫（图1-11B）。

③毛翅：膜质，翅面与翅脉被有很多毛，多不透明或半透明，如毛翅目昆虫的翅（图1-11C）。

④鳞翅：翅的质地为膜质，翅上被有许多鳞片和毛，如蛾蝶类的翅（图1-11D）。

⑤鞘翅：骨化、坚硬，质地坚硬如角质，翅脉不可见，不能用于飞行，覆盖在膜质后翅上，起保护作用，称“鞘翅”，如鞘翅目昆虫的前翅（图1-11E）。

⑥覆翅：质地较坚韧似皮革，翅脉大多可见，但一般不用于飞行，平时覆盖在体背和后翅上，有保护作用，如蝗虫等的前翅（图1-11F）。

⑦半鞘翅：前翅的基半部骨化，端半部为膜质，称半鞘翅，如蝽等（图1-11G）。

⑧平衡棒：后翅退化成细小的棒状物，可调节身体的平衡，称“平衡棒”，如双翅目昆虫和半翅目的介壳虫雄虫（图1-11H）。

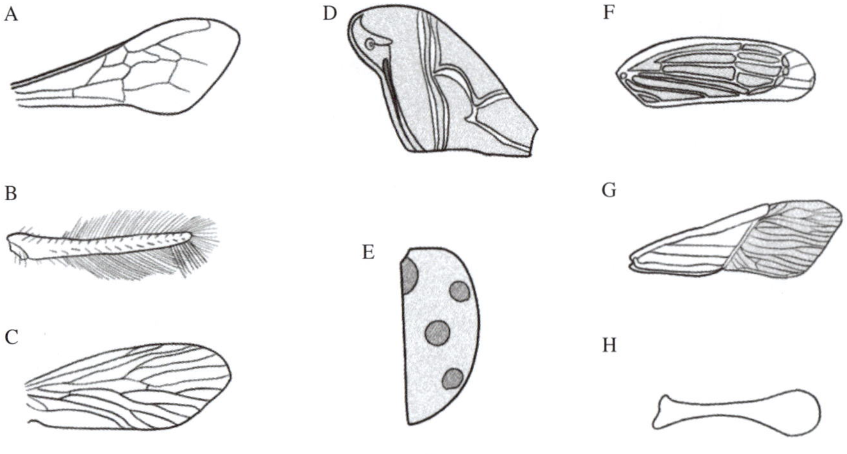

图1-11　不同类型的昆虫翅

A.膜翅　B.缨翅　C.毛翅　D.鳞翅　E.鞘翅　F.覆翅　G.半鞘翅　H.平衡棒

（五）昆虫腹部的观察

昆虫腹部一般呈长筒形或椭圆形，但存在一定变异。昆虫的腹部一般由9 ~ 11节组成，末端有1对尾须和外生殖器。1 ~ 8节两侧各有1小孔，为气门。每个腹节有节间膜相连，各腹节可自由伸缩与弯曲，利于昆虫的呼吸、交配和产卵等活动。取黄脊雷蓖蝗标本，观察其背板、腹板、节间膜、气门、外生殖器和尾须。

1.外生殖器

外生殖器是昆虫生殖系统的体外部分，是用以交配、授精、产卵的器官的统称，主要由腹部生殖节上的附肢特化而成。雌虫外生殖器称为产卵器，雄虫外生殖器称为交配器。

（1）雌虫外生殖器

着生于第八、第九腹节上，是昆虫用以产卵的器官，称为产卵器。它是由第八、第九腹节的生殖肢形成，生殖孔位于第八、第九节间的节间膜上。产卵器一般为管状构造，通常由3对产卵瓣组成。着生在第八腹节上的1对产卵瓣称为第一产卵瓣或腹产卵瓣，其基部有第一载瓣片。着生在第九腹节的1对产卵瓣为第二产卵瓣或内产卵瓣，其基部有第二载瓣片。在第二载瓣片上常有向后伸出的1对瓣状外长物，称为第三产卵瓣或背产卵瓣。载瓣片相当于附肢的基肢片，第一、第二对产卵瓣是附肢的端肢节，而第三产卵瓣则是第九腹节附肢基肢节上的外长物（图1-12）。在双目体视镜下，观察黄脊雷蓖蝗雌虫的产卵器，先观察腹部末端坚硬的产卵器。用镊子掀开背瓣可见到1对小突起，即内产卵瓣。两腹瓣中间伸出一指状突起，为导卵器；导卵器基部有一小孔，卵由此产出，经导卵器导入土中。

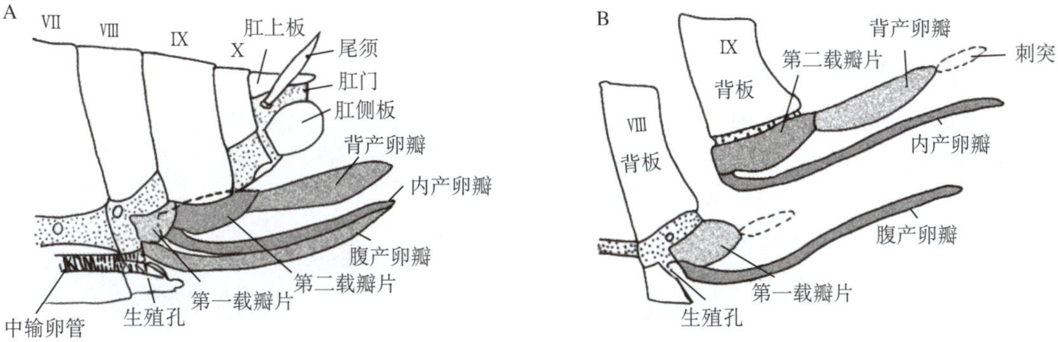

图1-12 雌虫外生殖器模式结构（仿Snodgrass）
A.产卵器构造模式结构侧面观 B.产卵器两生殖肢（已分开的）侧面观

（2）雄虫外生殖器

雄虫的外生殖器包括将精子输入雌体的阳具及交配时挟持雌体的1对抱握器，也称为交配器（图1-13）。多数有翅亚纲昆虫的交配器均由这2部分组成，但构造较为复杂而多变，常作为鉴别昆虫种类的重要依据。

交配器一般发生在第九或第十腹节上。阳具源于第九节腹板后的节间膜，在有翅亚纲昆虫中，此节的节间膜常内陷成生殖腔，阳具陷藏在腔内。第九腹节腹板常扩大形成下生殖板（部分种类由第七或第八节腹板形成）。阳具包括1个阳茎和1对位于基部两侧的阳茎侧叶。阳茎多是单一的骨化管状构造，是有翅昆虫进行交配时插入雌体的器官。

抱握器大多属于第九腹节的附肢，多为第九腹节的刺突或肢基片与刺突联合形成。抱握器形状有宽叶状、钳状和钩状等。蜉蝣目、脉翅目、长翅目、半翅目、鳞翅目、双翅目等昆虫中均有抱握器。

以黄脊雷蓖蝗雄虫为材料，观察其交配器所在的腹节。用镊子夹住下生殖板往下拉，同时轻轻挤压腹部，使交配器从生殖腔中伸出，放在双目体视镜下观察其阳茎和阳茎基等结构。

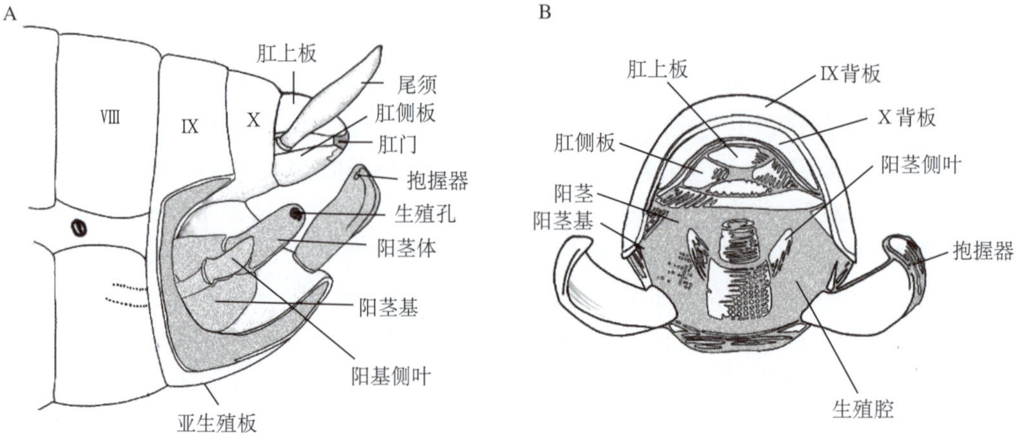

图1-13 雄虫外生殖器模式结构
A.侧面观（仿Weber） B.后面观（仿Snodgrass）

2.气门

气门是昆虫的气管系统在体外的开口，连通体内气管及微气管。不同昆虫种类因生活习性和环境不同，气门的数目、位置和结构也发生了变化，一般昆虫的胸部有2对气门，分别位于中胸和后胸的前端。腹部1～8节各具1对气门，分别位于腹部各节的两侧（图1-14）。

图1-14 昆虫腹部气门

取黄脊雷篦蝗、蚱蝉和金龟子成虫标本，观察其腹部气门的位置和数目。

3.尾须

尾须是由昆虫第十一腹节附肢演化而成的1对须状外突物，着生在第十一节的肛上板和侧板之间的膜上。不同昆虫种类的尾须长短不一，有些分节，有些不分节，尾须具有感觉作用。主要存在于部分无翅亚纲和有翅亚纲中蜉蝣目、蜻蜓目、直翅目、革翅目等昆虫中。

四、作业

1. 节肢动物门中昆虫纲与近缘纲动物的外部形态特征有何区别？
2. 绘制一幅完整的昆虫模式图，须包括头、胸、腹及其上的附肢。

实验二 | *Experiment 2*

昆虫内部器官的观察

一、实验目的

1.观察昆虫的主要内部器官，掌握其着生位置。

2.掌握昆虫消化系统、排泄系统、循环系统、呼吸系统、神经系统、生殖系统、内分泌系统的基本构造，了解其基本功能。

3.掌握昆虫内部器官的解剖方法。

二、实验材料和工具

（一）实验材料

以棉蝗液浸标本和活体家蚕幼虫为材料，解剖观察昆虫成虫和/或幼虫消化系统、排泄系统、循环系统、呼吸系统、神经系统、生殖系统、内分泌系统的基本构造。

（二）实验工具

双目体视镜、放大镜、解剖针、镊子、解剖剪、昆虫针、蜡盘、培养皿、生理盐水等。

三、实验内容

（一）昆虫内部器官的观察

昆虫成虫内部器官的观察以棉蝗为材料。先剪去翅和足，随后从肛门开始沿背中线偏左位置，将虫体从后向前剪至头部。操作时，解剖剪紧贴背板，以免剪伤内部器官，然后用昆虫针沿体壁两侧向内倾斜将体壁张开并固定在蜡盘内；加入生理盐水浸渍虫体，在双目体视镜下观察以下内部组织和器官（图2-1）。

1.消化道、唾腺和马氏管

消化道是1条自口前腔至肛门的管道。唾腺呈泡囊状，成对位于胸部侧腹面，唾管开口于口前腔内。马氏管是位于中肠与后肠分界处的丝状盲管。

2.背血管

背血管位于消化道正上方的背膈之上，是紧贴体壁背中线下面的白色或黄白色直管。

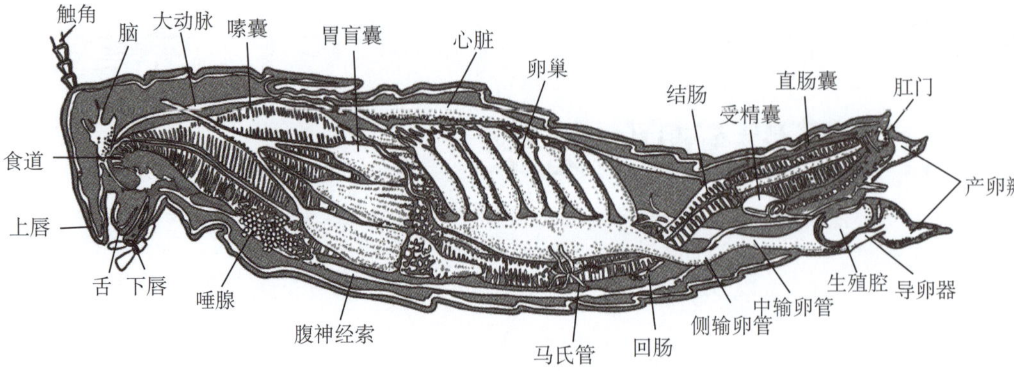

图2-1 蝗虫内部器官的位置（仿Matheson）

3.气管系统

由体两侧气门通入，连接体内粗细分支的白色或褐色气管主干和气管分支。

4.腹神经索

腹神经索是位于消化道腹面的腹膈下的1条灰白色带，其前端向前上方绕过消化道背方与脑相连，后端止于第八腹节。

5.内生殖器

在消化道背侧面有1对卵巢（雌虫）或者精巢（雄虫），向后连接侧输卵管或输精管和储精囊，汇合到中输卵管或射精管，经生殖孔与外面相通。在雌虫中，侧输卵管顶端连接附腺，中输卵管经过生殖腔与生殖孔相连，生殖腔连接受精囊。

昆虫幼虫内部器官的观察以活体家蚕幼虫为材料。先用乙醚将家蚕幼虫迷晕后，再用与解剖棉蝗相类似的方法解剖家蚕幼虫。解剖时，用直头或弯头解剖剪沿幼虫背中线偏左位置从后往前逐渐剪开体壁，用昆虫针将其固定于蜡盘内，加入生理盐水后观察各内部组织和器官。

（二）昆虫消化系统的观察

昆虫的消化系统是一条从口到肛门纵贯于体腔中央的消化道，还包括开口于口腔中与消化作用有关的唾腺（图2-2）。在双目体视镜下，观察解剖好的棉蝗和家蚕幼虫消化系统，主要观察以下内部组织和器官。

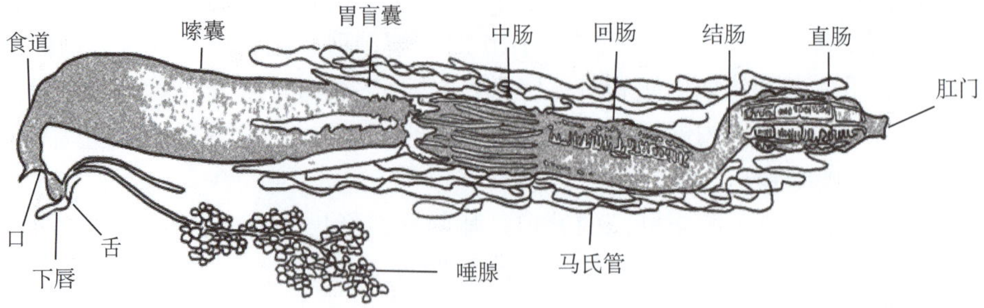

图2-2 昆虫消化系统模式图（仿Snodgrass）

1.消化道的构造

①前肠：是从口到中肠的一条管状通道，有明显的分段现象，通常由咽喉、食道、嗉囊和前胃4个部分组成。最前端为口，口后为咽喉和较细的食道，食道之后膨大部分为嗉囊，嗉囊之后是前胃。在前肠与中肠之间，以伸入中肠前端的贲门瓣为界。

②中肠：是一条前后粗细相当的管道，前端与前胃或食道相接，后端以马氏管着生处与后肠分界，是消化和吸收的主要部位。前肠与中肠交界处有若干个胃盲囊。中肠与后肠交界处着生有许多白色细管状马氏管，分布于消化道上。

胃盲囊位于中肠的最前端，主要功能是增加中肠的表面积，利于中肠消化液的分泌和营养物质的吸收。

③后肠：是消化道的最后一段，前端以马氏管着生处与中肠分界，后端终止于肛门。后肠的主要功能是排除食物残渣和代谢废物，同时从食物和排泄物中吸收水分及无机盐类。后肠分为3部分：前端是前粗后细的回肠；回肠后呈“S”形转折的细长部分是结肠；结肠后膨大部分是直肠，其末端开口于肛门。

2.唾腺

唾腺是在胚胎发育过程中，由皮细胞内陷而成的多细胞腺体（图2-2），开口于口腔中。主要功能是分泌唾液，有的特化成丝腺或毒腺。

（三）昆虫排泄系统的观察

昆虫最主要的排泄器官是马氏管。马氏管位于中肠和后肠交界处，呈细长盲管状（图2-2），顶端游离并浸浴在血淋巴中，基端与肠腔相通，由内胚层发育而来。主要功能是移除体内的代谢废物，调节体内水分和无机盐的平衡，维持血液一定的渗透压和化学成分。

在双目体视镜下，观察解剖好的棉蝗和家蚕幼虫马氏管的着生位置、长短和数目，仔细观察哪些是游离的，哪些是和肠壁粘连形成的隐肾结构。

（四）昆虫循环系统的观察

取家蚕幼虫，用解剖剪沿体壁两侧剪开，掀开背板，使背板的腹面朝上，置于盛有生理盐水的蜡盘内。在双目体视镜下，可观察到背中线位置的体壁下方，有一条纵贯于背血窦内的颜色较深的管，即背血管。由前段的大动脉和后段的心脏两部分组成。背血管前段粗细一致，没有心门的部分是动脉。背血管后段呈连续膨大的部分是心脏，每个膨大部分即为一个心室。心脏大多位于腹腔内，但有的前方可伸达到胸腔内。

（五）昆虫呼吸系统的观察

昆虫用以呼吸的气管系统中，主气管和支气管网分布在围脏窦内消化道的两侧、背面和腹面的内脏器官之间，微气管伸入各器官和组织中。在双目体视镜下，观察解剖好的棉蝗，比较胸部和腹部两侧，自气门开始向内脏表面及身体各体节延伸的白色纤细气管，观察气管的位置、数目和形态。在双目体视镜下，观察解剖好的家蚕幼虫，可见体壁两侧气门分出褐色的、成丛或分支的气管束及其在体内的分布情况。仔细辨认气门气管、背气管、围脏气管、腹气管。

（六）昆虫神经系统的观察

在消化道的腹面，有纵贯于腹血窦的腹神经索，它与脑组成昆虫的中枢神经系统（图2-3）。

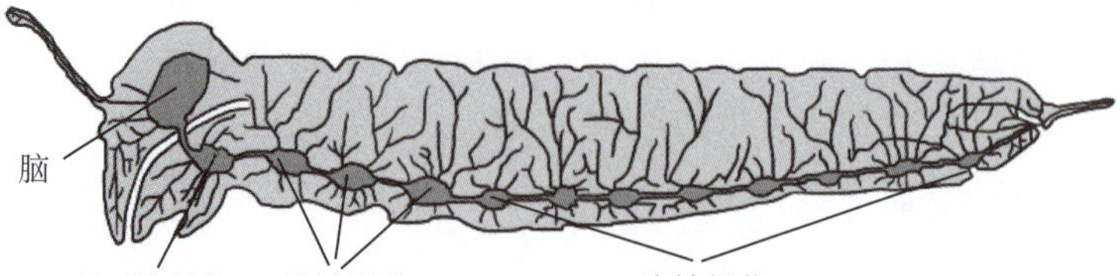

图2-3　昆虫神经系统模式图

1.脑

取棉蝗1头，将头部从背面剪开，沿复眼和单眼周围轻轻剪去体壁，并小心用解剖针及镊子剔除肌肉，可观察到棉蝗的脑由前脑、中脑、后脑组成。前脑为位于脑背上方的1对小球体，其两侧着生有1对视叶和3个单眼柄，分别与复眼和单眼相连。中脑位于前脑下方，向前侧方分出1对触角神经。后脑位于中脑下方，向下发出围咽神经连锁和围咽神经索。

2.腹神经索

剪去棉蝗的翅和足，从腹末沿背中线剪至前胸前缘，然后用昆虫针斜插，撑开剪开的体壁并固定于蜡盘内，加入生理盐水，最后将内生殖器和消化道的嗉囊至肛门段移开或剪去。观察咽下神经节、胸神经节和腹神经节的个数及其位置。

（七）昆虫生殖系统的观察

昆虫生殖系统包括内生殖系统和外生殖系统。内生殖系统主要包括位于围脏窦中、腹部消化道背侧的雌虫卵巢或雄虫精巢，沿着后肠两侧延伸到消化道腹面的1对生殖管及其合并的公共管。

1.雌虫内生殖系统

雌虫内生殖器官主要包括1对卵巢、2根侧输卵管、1根中输卵管、1个受精囊、1对生殖附腺和1个生殖腔（图2-4A、B）。

取棉蝗雌虫1头，剪去翅和足，从腹末沿背中线剪开腹部，用昆虫针斜插，撑开剪开的体壁并固定于蜡盘内，用生理盐水浸渍虫体。在双目体视镜下，可见于消化道背侧并排的1对卵巢。卵巢由卵巢管组成，每个卵巢管包括端丝、卵巢管本部和卵巢管柄，外包1层非细胞的管壁膜。端丝是卵巢管本部前端的围鞘延伸成的细丝，常集成悬带将卵巢悬附于脂肪体、体腔内壁或背膈上，以固定卵巢的位置。卵巢管本部是卵子发生和发育的部位，分为生殖区（原卵区）和生长区（卵黄区）（图2-4C）。生殖区内有生殖细胞、卵原细胞和卵母细胞，有的种类还有滋养细胞；生长区内，卵母细胞周围包围着1层卵泡细胞，并形成一系列由小到大的卵室。卵巢管柄是卵巢管基部通入侧输卵管的1条薄壁短管。

侧输卵管的前端与卵巢管连接处，常膨大呈囊状，称卵巢萼，可暂时贮存卵子。在蝗虫体内，每一侧输卵管的顶端还延伸出1条管状附腺。两个侧输卵管汇入中输卵管。

中输卵管开口于生殖孔，是排卵的通道。生殖腔的背面连有1条细长的管子，端部膨大，称为受精囊。

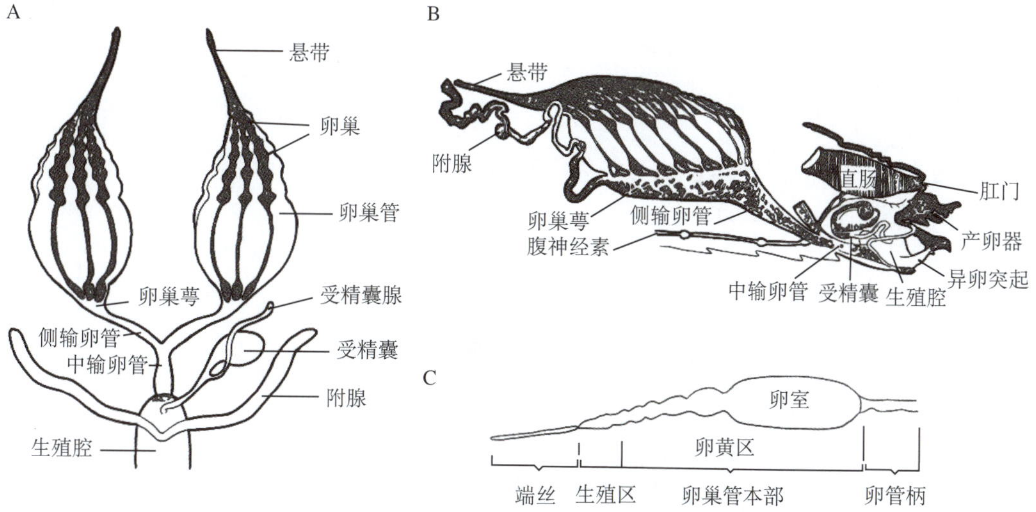

图2-4 雌虫内生殖系统模式图（仿Snodgrass）
A.内生殖系统模式构造 B.生殖系统侧面观 C.卵巢小管的基本结构

2.雄虫内生殖系统

雄虫内生殖器官主要包括1对精巢，1对输精管、贮精囊、附腺和1条射精管等（图2-5）。

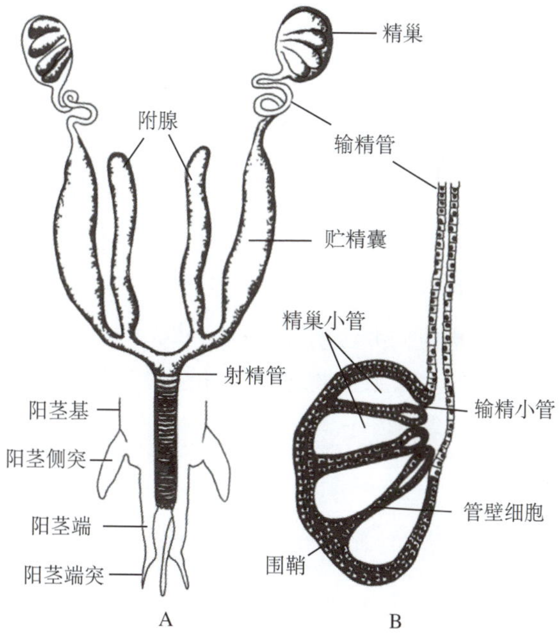

图2-5 雄虫内生殖系统模式图（仿Weber）
A.模式结构 B.精巢的剖面图

取棉蝗雄虫1头，按雌虫的解剖方法对其进行解剖。可观察到在腹部消化道背侧面有1对白色精巢，精巢由1组精巢小管组成。每个精巢与1条细小输精管连通到射精管基部。在输精管与射精管连接处有1个膨大成囊状的储存精子团的贮精囊和1对长形囊状或管状附腺。

射精管是由2条输精管汇合而成的细长单导管，与阳茎相连接，开口于第九腹板与第十腹板间的节间膜上，精液经此射入雌虫生殖腔。

（八）昆虫内分泌系统的观察

昆虫主要的内分泌腺体包括心侧体、咽侧体和前胸腺等，分别位于头部、前胸内咽喉及气门气管附近（图2-6）。

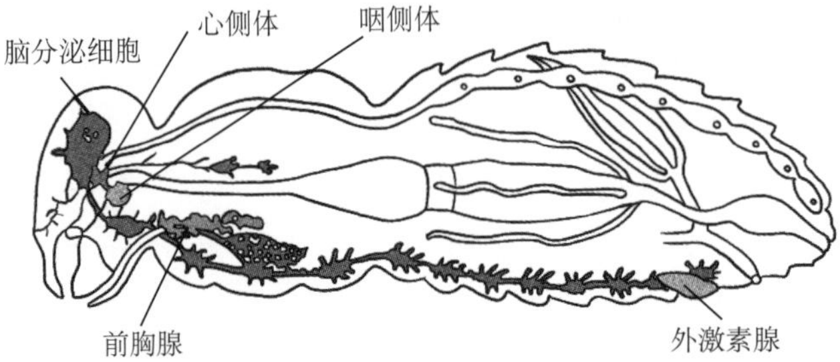

图2-6　昆虫内分泌器官模式图

取家蚕高龄幼虫1头，用解剖剪沿腹末至头部方向剪开体壁，用昆虫针斜插，撑开剪开的体壁并固定于蜡盘内。在双目体视镜下小心移除丝腺、脂肪体和肌肉，再用生理盐水漂洗干净，然后加入生理盐水浸渍。

在双目体视镜下，可见在脑的后方、消化道两侧有1对乳白色、小球形的咽侧体，其前方连着1对略膨大、呈透明球状的心侧体，在前胸气门气管基部，有1对透明串珠状、呈“人”字形分枝的前胸腺。

四、作业

1.绘制蝗虫消化道的结构图，并注明各部分名称。

2.绘制蝗虫雌、雄成虫内生殖系统构造图，并注明各部分名称。

实验三 | *Experiment 3*

昆虫生物学

一、实验目的

1.观察不同变态类型昆虫卵、幼/若虫、蛹和成虫的外部形态，比较其形态学差异，掌握不同变态类型昆虫一生经历的虫态。

2.观察同种昆虫不同性别/生物型个体间外部形态，比较雌、雄成虫和不同生物型个体外部形态的差异，掌握昆虫成虫的多型现象。

二、实验材料和工具

（一）实验材料

①昆虫变态类型的观察与比较：黄脊雷篦蝗、美洲大蠊、荔枝蝽、红蜻（稚虫和成虫）、梨蓟马、马尾松毛虫、松褐天牛、虎斑蝶、敏栉衣鱼、日本等蜉。

②卵的形态与比较：中华大刀螳、美洲大蠊、黄脊雷篦蝗、中华草蛉、竹节虫、荔枝蝽、马尾松毛虫、朱红毛斑蛾、光肩星天牛。

③幼虫的形态与比较：环腹瘿蜂、中华草蛉、马尾松毛虫、天蛾、翼蛉、金龟子、大头金蝇。

④蛹的形态与比较：异色瓢虫、眉斑并脊天牛、泥蛉、大头金蝇、柑橘凤蝶。

⑤成虫及其多型性的观察与比较：双叉犀金龟、红火蚁、台湾乳白蚁、中华蜜蜂、松大蚜。

（二）实验工具

双目体视镜、放大镜、培养皿、解剖针、镊子等。

三、实验内容

（一）昆虫变态类型的观察

1.不完全变态

又称直接变态，这类变态类型的昆虫一生经历卵、幼期和成虫3个发育阶段。成虫的特征随着幼期虫态的生长发育逐步显现。不完全变态又可分为渐变态、半变态和过渐变态。

（1）渐变态

有卵、若虫和成虫3个发育阶段。其若虫与成虫在体型、生境和食性等方面基本相似，主要区别在于体躯的大小，翅及生殖器官的发育程度。卵孵化出的若虫经过多次蜕皮逐渐完成发育，最后羽化为成虫，见于直翅目、螳螂目、蜻目、蜚蠊目、半翅目、革翅目等昆虫中。

取黄脊雷蓖蝗、美洲大蠊、荔枝蝽的生活史标本（图3-1），先用目视法观察卵、各龄若虫和成虫的外部形态与体躯大小，辅以放大镜或双目体视镜观察并比较其若虫与成虫翅（翅芽）、生殖器官发育程度的差异。

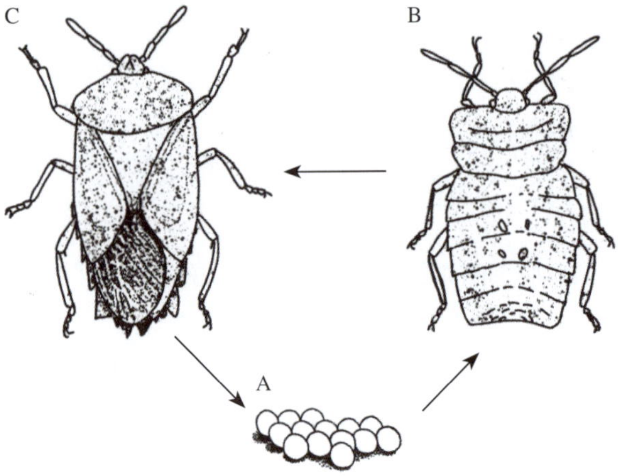

图3-1　荔枝蝽生活史
A.卵　B.若虫　C.成虫

（2）半变态

有卵、稚虫和成虫3个发育阶段，见于蜻蜓目与襀翅目昆虫。由于这类昆虫幼期水生，其体型、呼吸器官、足、口器以及行为与陆生昆虫相比均发生了不同程度的特化，且与成虫的形态差异较大。例如，蜻蜓属于半变态，成虫将卵产在水面或水生植物内，稚虫孵化后在水中生活，高龄稚虫出水面后，羽化为成虫。

取红蜻的生活史标本，用目视法观察其卵、稚虫和成虫外部形态的变化，并辅以放大镜和双目体视镜观察比较稚虫与成虫在体型、足和口器等器官的区别。

（3）过渐变态

是渐变态的一种特化类型，比一般的渐变态更复杂，即幼期向成虫期转变时要经过一个不食不动类似蛹的虫龄。见于缨翅目、半翅目的粉虱科及雄性介壳虫。例如，蓟马的生长发育属于过渐变态，若虫与成虫期间还要经历前蛹期和伪蛹期。

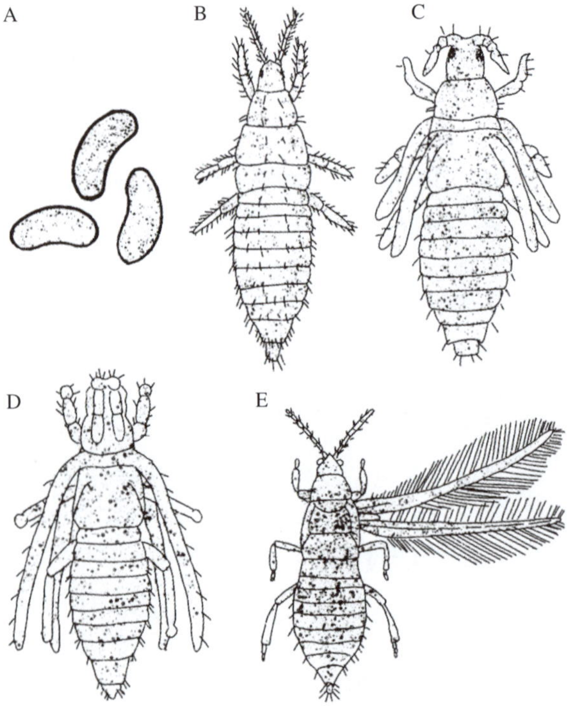

图3-2　梨蓟马生活史（仿彩万志等）
A.卵　B.1龄若虫　C.前蛹期　D.伪蛹期　E.成虫

取梨蓟马的生活史标本（图3-2），用双目体视镜观察其卵、若虫、前蛹、伪蛹和成虫外部形态的区别。

2.完全变态

包括卵、幼虫、蛹、成虫4个虫态。其幼虫与成虫在外部形态与内部结构、食性与生活习性等方面差异大，使得这2个虫态在转变时必须经过一个蛹期作为过渡虫态。例如，鳞翅目昆虫的幼虫和成虫外部形态特征差异大，其幼虫多为植食性，而成虫汲取花蜜或完全不取食。

取马尾松毛虫、松褐天牛和虎斑蝶的生活史标本（图3-3），用目视法观察其卵、幼虫、蛹和成虫的外部形态，并辅以放大镜或双目体视镜观察其幼虫和成虫在口器、足和体节等方面的差异。

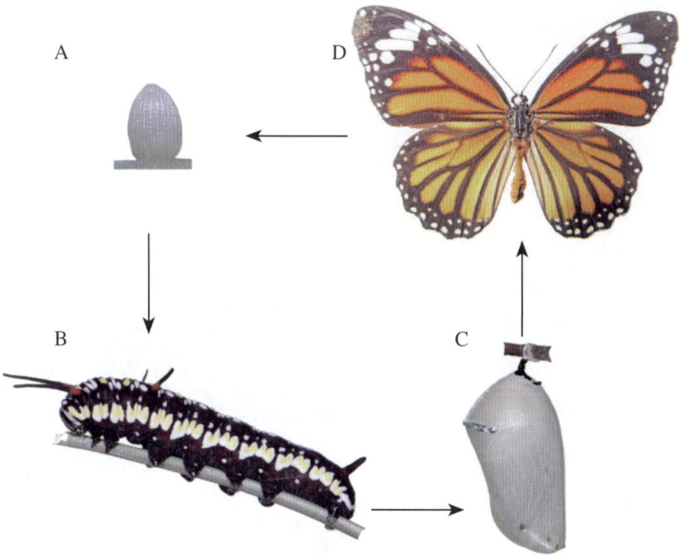

图3-3 虎斑蝶生活史
A.卵 B.幼虫 C.蛹 D.成虫

3.增节变态

是昆虫纲中最原始的一种变态类型。初孵幼虫腹部只有9节，之后在第八、第九节间增加3节，最终增至12节。见于原尾目昆虫。

4.表变态

幼虫与成虫的形态相似，体节数量相同。即幼体孵化后的发育仅是体型增大、性器官逐渐成熟等，到成虫期后还会继续蜕皮。见于衣鱼目昆虫。

取敏栉衣鱼生活史标本，用放大镜或双目体视镜观察其卵、幼体和成虫外部形态的变化，重点观察和比较其幼体与成虫在体节数量和体型大小方面的差异。

5.原变态

从幼期发育至成虫期要经历一个亚成虫期。亚成虫期短，外形与成虫相似，已性成熟，具有一定的飞行能力。原变态类昆虫的幼期虫态称为“稚虫”，见于蜉蝣目昆虫。

取日本等蜉生活史标本，用双目体视镜观察其卵、稚虫、亚成虫和成虫外部形态的变化，重点观察对比其亚成虫与成虫的翅和生殖器官外部形态的差异。

（二）昆虫卵的观察

主要观察卵的形态及生物学性状。形态学的观察包括卵的大小、颜色、形状、表面纹路等物理形态；生物学性状的观察包括产卵的位置、产卵的形式（单产、聚产）、卵的排列及其保护机制等。

1.包被型

有些昆虫在产卵时会分泌保护卵的包被结构，包裹在卵粒的外部。例如，中华大刀螳和美洲大蠊的卵包在坚硬的卵鞘中（图3-4A），黄脊雷蓖蝗卵包在土褐色圆筒形卵囊中（图3-4B），卵鞘/囊均起到保护卵的作用。

2.无包被型

无包被型的卵类型较多，大多数昆虫在产卵方式上表现出高度的选择性与适应性，产卵的方式、位置和形态一般有利于保护卵的安全与初孵幼体的后续生存，在观察卵的形态时可与其生物学和生态学特性相联系。

取以下昆虫种类的卵，用目视法或借助放大镜和双目体视镜观察卵的形态及生物学性状。

①中华草蛉：卵呈长卵形，产在一条细丝的顶端，附着于植物表面，能在一定程度上防止其他捕食者取食其卵，也可防止先孵化的草蛉幼虫取食同类的卵（图3-4C）。

②竹节虫：雌虫产的卵粒较大，散落在地上，卵包于坚实的囊内，外形似种子（图3-4D）。

③荔枝蝽：卵近圆形，表面有很密的细毛，初产时淡绿色，孵化前为深灰色，常14粒聚集成块（图3-4E）。

④马尾松毛虫：卵近圆形，粉红色，在针叶上呈串状排列（图3-4F）。

⑤朱红毛斑蛾：卵扁平，成块产于植物表面，形似鱼鳞（图3-4G）。

⑥光肩星天牛：卵长椭圆形，树皮下见到的卵粒多为淡黄褐色，略扁，近瓜子形（图3-4H）。

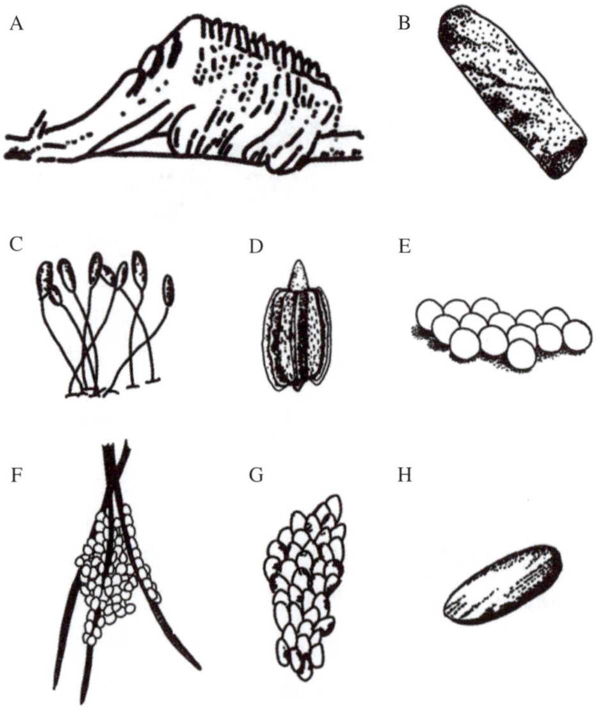

图3-4　不同类型的昆虫卵

A.中华大刀螳（仿彩万志等）　B.黄脊雷蓖蝗　C.草蛉　D.竹节虫（仿彩万志等）　E.荔枝蝽　F.马尾松毛虫　G.朱红毛斑蛾　H.光肩星天牛

（三）昆虫幼虫的观察

1.原足型幼虫

幼虫在胚胎发育的原足期即已孵化，虫体发育不完全，有的种类腹部分节尚未完成，胸足只是简单的芽突（图3-5A），神经系统和呼吸系统简单，口器发育不全。这类幼虫营寄生生活，浸浴在寄主体液或卵黄中，通过体壁吸收寄主营养以继续发育，如膜翅目环腹瘿蜂的幼虫。

2.多足型幼虫

幼虫除具胸足外，还有数对腹足（图3-5B）。如大部分脉翅目、广翅目、长翅目、鳞翅目和膜翅目叶蜂类的幼虫。根据腹部的构造，多足型幼虫可分为以下2类。

①蛃型幼虫：形似石蛃，体略扁，胸足及腹足较长。见于一些脉翅目、毛翅目及广翅目的幼虫。

②蠋型幼虫：体呈圆筒状，胸足及腹足较长。见于鳞翅目及部分长翅目和膜翅目昆虫。

3.寡足型幼虫

幼虫胸足发达，但无腹足。如大部分鞘翅目、毛翅目和部分脉翅目的幼虫。根据体型和胸足发达程度，可分为以下几类。

①步甲型幼虫：体较扁平，前口式，胸足发达，行动迅速，如翼蛉、草蛉、步甲和瓢虫等肉食性昆虫的幼虫（图3-5C）。

②蛴螬型幼虫：幼虫体肥胖，呈C形弯曲，胸足较短，行动迟缓，如金龟子幼虫（图3-5D）。

③叩甲型幼虫：幼虫体细长，稍扁平，胸部和腹部粗细相仿，胸足较短，如叩头虫幼虫。

④扁型幼虫：体扁平，胸足有或退化，如一些花甲科的幼虫。

4.无足型幼虫

又称蠕虫型幼虫，主要特点是既无胸足，也无腹足（图3-5E）。如双翅目、蚤目和鞘翅目象甲科的幼虫。根据头部的骨化程度，可分为3类。

①全头无足型幼虫：头部骨化并全部外露，如吉丁虫、天牛、蚊子、跳蚤和少数潜叶的鳞翅目幼虫。

②半头无足型幼虫：头部仅前半部骨化并显露，后半部缩入胸内，如长角亚目大蚊科、短角亚目多数虻类及一些寄生性膜翅目幼虫等。

③无头无足型幼虫：又称蛆型幼虫。头部退化，完全缩入胸部，或仅有口钩外露，如双翅目环裂亚目（蝇类）的幼虫。

取环腹瘿蜂、中华草蛉、马尾松毛虫、天蛾、翼蛉、金龟子和大头金蝇的幼虫，采用目视法观察其外部形态，使用放大镜或双目体视镜观察和比较各类型幼虫的体型、头部的形态、足的形态与数量的差异。

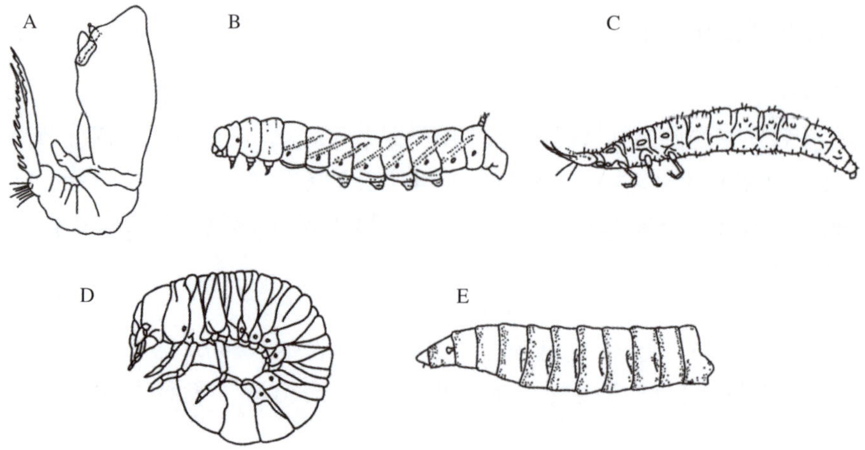

图3-5　不同类型的昆虫幼虫

A.原足型幼虫（环腹瘿蜂科幼虫，仿彩万志等）　B.多足型幼虫（天蛾科幼虫，仿Chu）　C～D.寡足型幼虫（C.翼蛉科，仿Gullan和Cranston　D.金龟科幼虫，仿Chu）　E.无足型幼虫（大头金蝇幼虫，仿Ferrar）

（四）昆虫蛹的观察

蛹是全变态昆虫由幼虫向成虫转变过程中的过渡虫态，一般相对静止，根据蛹壳、附肢、翅与体壁的接触情况等，分为以下3类。

1.离蛹

也称裸蛹，其附肢和翅不贴合在体上，可以活动，腹部节间也可活动。常见于脉翅目、鞘翅目、毛翅目等昆虫。

取异色瓢虫、眉斑并脊天牛和泥蛉的蛹（图3-6A），采用目视法，并结合放大镜或双目体视镜观察其附肢、翅与虫体的连接关系。

2.围蛹

本体为离蛹，但蛹体被3、4龄幼虫所蜕的皮形成的蛹壳包围，见于双翅目环裂亚目（蝇类）及部分捻翅目昆虫。

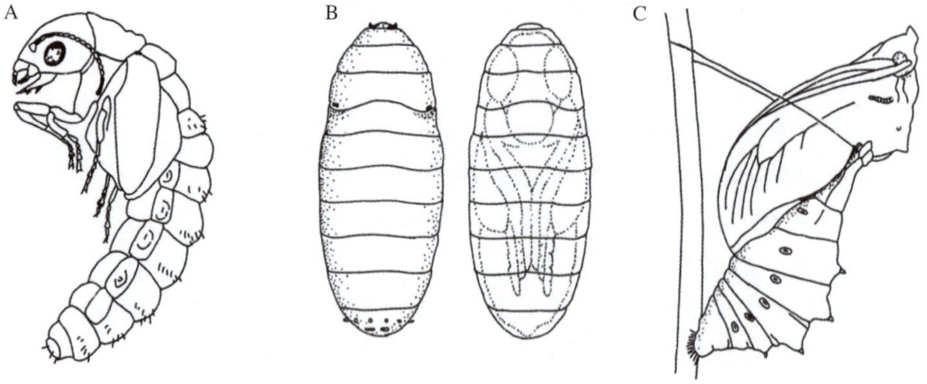

图3-6　不同类型的昆虫蛹

A.离蛹（泥蛉科，仿Evans）　B.围蛹（丽蝇科，仿CSIRO）　C.被蛹（凤蝶科，仿Common和Waterhouse）

取大头金蝇的蛹（图3-6B），采用目视法，并结合放大镜或双目体视镜观察其蛹壳上的分节痕迹，即其幼虫所蜕的皮。可剥去蛹壳观察内部的离蛹。

3.被蛹

体壁多坚硬，其触角、足和翅均紧贴于体，不能单独活动，腹部体节全部或部分不能活动。常见于鳞翅目、部分鞘翅目与双翅目昆虫。

取柑橘凤蝶的蛹（图3-6C），采用目视法，并结合放大镜或双目体视镜观察其附肢、翅与虫体的连接关系。

（五）昆虫成虫的观察

1.雌雄二型

同种昆虫的雌、雄两性个体间，除内、外生殖器官构造不同外，在个体大小、体型、体色等形态结构方面存在明显差异的现象称为雌雄二型（亦称性二型）。如在鞘翅目犀金龟科中，雄虫个体明显大于雌虫个体，且雄虫头部和前胸背板上常有角状突起，有“独角仙”或“独角犀”之称，而雌虫的头部和前胸背板无突起（图3-7）；在鞘翅目锹甲科中，雄虫个体也明显大于雌虫个体，且雄虫上颚特别发达，有的甚至与身体等长或分枝如鹿角，而雌虫上颚不发达；在捻翅目、半翅目蚧类、鳞翅目袋蛾科与尺蛾科中，雄虫有翅，而雌虫无翅；在鳞翅目蝶类中，许多种类雌雄个体翅的底色与饰纹差异大等。

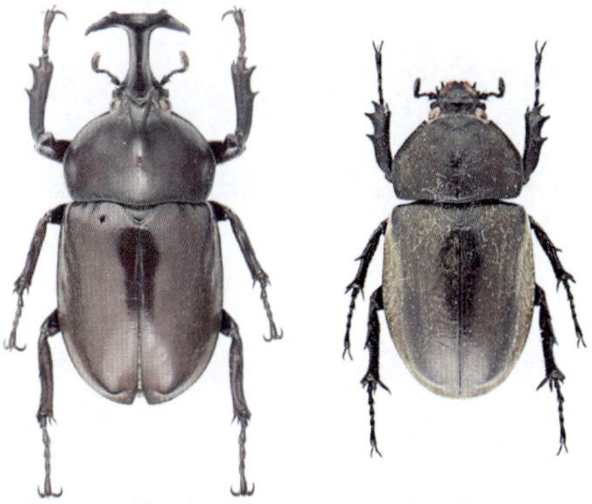

图3-7　双叉犀金龟雌雄成虫（Smith JC供图）

取双叉犀金龟雌雄成虫标本，采用目视法观察两者体型大小和外部形态差异。

2.多型现象

指同种昆虫同一性别个体间在大小、体型、体色等形态结构方面存在明显差异的现象。多型现象不仅可以在成虫期出现，也可以在幼期或蛹期出现，但以成虫期居多。

多型现象在蜜蜂、蚂蚁和白蚁等社会性昆虫和蚜虫中表现最为突出。如在蜜蜂的雌虫中，有负责生殖的蜂后（王）和失去生殖能力担负采蜜和筑巢等工作的工蜂；在白蚁中，工蚁、兵蚁有性的区别却无繁殖能力，而生殖型个体常可分为蚁后、蚁王、长翅生殖蚁和补充生殖蚁等（图3-8）；在蚜虫中，受光周期、寄主植物和种群密度等因素的影响，会出现无翅胎生雌蚜、有翅胎生雌蚜、有翅雄蚜、无翅雄蚜、卵生雌蚜等。

在其他非社会性昆虫中，受季节、种群密度和食料等影响，也会出现多型现象。如在春、夏季节的螽斯体色多为绿色，而秋、冬季节多为灰褐色。

取红火蚁、台湾乳白蚁、中华蜜蜂和松大蚜生活史标本，观察其各型外部形态的差异。

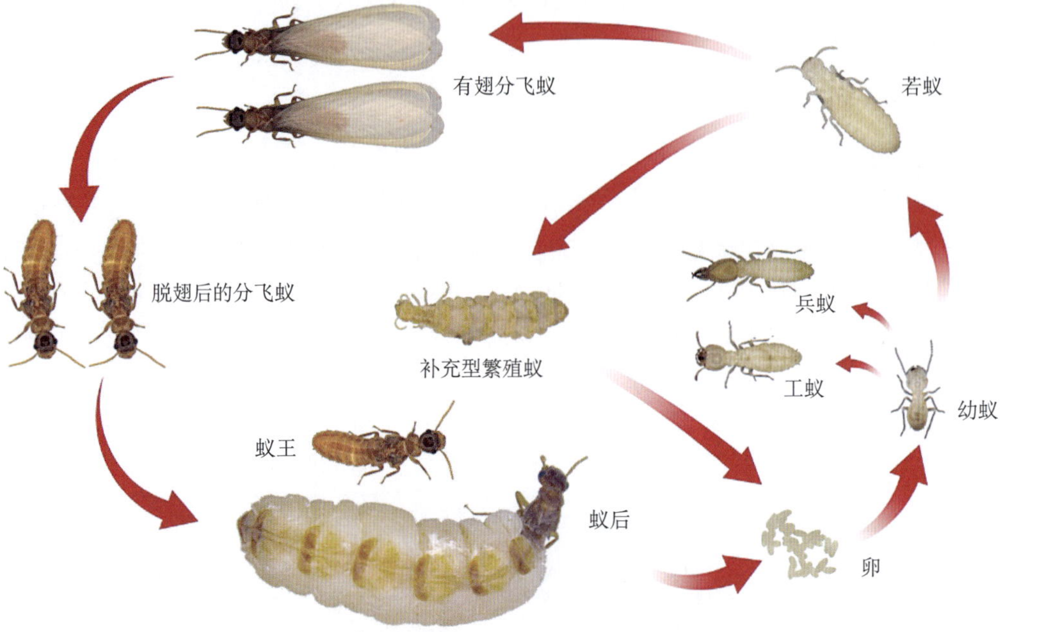

图3-8　台湾乳白蚁生活史（贾豹供图）

四、作业

1. 不同变态类型昆虫一生经过哪些虫态，各虫态外部形态特征有哪些异同？

2. 以绘图的形式，比较昆虫雌雄二型或多型现象的形态区别。

3. 每位同学在室外随机采集一种昆虫，通过室内饲养，观察其各虫态的发育和变态过程，并撰写观察方法和结果。

实验四 | *Experiment 4*

昆虫纲分目

一、实验目的

掌握昆虫纲各目及植绥螨科和叶螨科的主要形态特征，学习编制和使用检索表。

二、实验材料和工具

（一）实验材料

敏栉衣鱼、比氏跳蛃、日本等蜉、鼎异色灰蜻、中华诺襀、美洲大蠊、黄翅大白蚁、广斧螳、中华蛩蠊、红蝮螋、黄脊雷篦蝗、东风螳螂、足丝蚁、广西瘤䗛、墨脱缺翅虫、嗜卷虱啮、鸡羽虱、体虱、榕管蓟马、麻皮蝽、中华草蛉、普通齿蛉、西藏盲蛇蛉、红脚异丽金龟、大双角蝎蛉、家蝇、稻虱跗蝙、中华缺距石蛾、人蚤、虎斑蝶、中华蜜蜂、胡瓜钝绥螨和二斑叶螨。

（二）实验工具

双目体视镜、培养皿、泡沫板、解剖针、镊子等。

三、实验内容

分别取观察对象的标本，采用目视法直接观察其主要外部形态特征。当目视法无法观察到细微的特征时，可将其置于培养皿或泡沫板上用手持放大镜或在双目体视镜下观察。对石蛃目、蛩蠊目、螳䗛目、缺翅目、蛇蛉目等部分无实物标本的，选用图片进行观察。根据观察的特征，制定检索表。

（一）昆虫纲各目主要特征的观察

1.衣鱼目 Zygentoma

表变态，原生无翅，体小至中型。口器咀嚼式，下颚须5～6节，复眼退化，单眼常缺，有些种类具3个单眼，触角丝状或念珠状。胸部宽大，背板侧叶有类似翅芽的结构。腹部末节背板延长成中尾丝，其两侧有1对尾须。以敏栉衣鱼为代表种，观察以上特征。

2.石蛃目 Microcoryphia

表变态，原生无翅，中小型昆虫，口器咀嚼式，下颚须7节，复眼大，单眼1对，触角丝状。胸部较粗而背侧拱起。腹部末节背板延长成中尾丝，其两侧有1对尾须。以比氏跳蛃为代表种，观察以上特征。

3.蜉蝣目 Ephemeroptera

原变态，体小至中型。口器咀嚼式，上颚和下颚退化，触角刚毛状，复眼发达，单眼3个。中胸发达，前翅大三角形，后翅小于前翅，翅静止时竖立体背，膜质，翅脉网状，雄虫前足长。腹末有丝状尾须，有些种类有中尾丝。稚虫体扁平，复眼和单眼发达，触角长，尾丝2～3条，稚虫1～7腹节具成对的气管鳃。以日本等蜉为代表种，观察以上特征。

4.蜻蜓目 Odonata

半变态，体中到大型，成虫和稚虫均为捕食性。口器咀嚼式，复眼发达，单眼3个，触角刚毛状。前胸退化，翅膜质，翅脉网状，休息时平展或直立，不能折叠于背上。腹部细长，雄虫第二和第三腹节形成复杂的外生殖器。稚虫下唇特化，腹部末端有尾鳃（豆娘）或直肠鳃（蜻蜓）。以鼎异色灰蜻为代表种，观察以上特征。

5.襀翅目 Plecoptera

半变态，体小至中型、软、略扁。口器咀嚼式，头宽，复眼发达，单眼2～3个或无。触角长丝状。前、中、后胸发达，可活动，翅膜质，前翅狭长，后翅具臀叶，静止时平叠在体背。腹末有1对尾须。稚虫蛃型，体扁平，上颚发达，复眼和单眼发达，触角丝状；一些种类头部、胸部或腹部有气管鳃；有分节的尾须。以中华诺襀为代表种，观察以上特征。

6.蜚蠊目 Blattodea

渐变态，体中到大型、扁平、椭圆形。口器咀嚼式；头小，隐藏在前胸背板下；复眼围绕触角基部呈肾形，单眼2个；触角丝状。前胸背板发达，椭圆形，前翅革质，相互重叠，后翅膜质，有些种类雌虫无翅；足长而多刺，基节扁平宽大。尾须1对。以美洲大蠊为代表种，观察以上特征。

7.等翅目 Isoptera

渐变态，中小型昆虫，多型。口器咀嚼式，触角念珠状，有翅型具复眼和2个单眼，无翅型复眼和单眼退化，有些种类具囟。前后翅大小、形状和脉相相似，停息时平叠于体背，长翅型翅基有一横肩缝，翅脱落后残存的翅基称翅鳞。社会性昆虫，营巢群隐蔽生活，木栖、土栖或土木栖。成虫品级包括蚁王、蚁后、工蚁和兵蚁。以黄翅大白蚁为代表种，观察以上特征。

8.螳螂目 Mantodea

渐变态，体小至巨型、狭长。头三角形，口器咀嚼式，复眼发达，单眼3个，触角丝状。前胸狭长，前足捕捉足；前翅革质，后翅膜质。尾须线状。以广斧螳为代表种，观察以上特征。

9.蛩蠊目 Grylloblattodea

渐变态，体小至中型、扁长形。口器咀嚼式，触角丝状，复眼退化或缺，无单眼。3

对足相同；前胸发达，近方形，无翅；足基节大，跗节5节。尾须长，5节。以中华蛩蠊为代表种，观察以上特征。

10.革翅目 Dermaptera

渐变态，体小至中型、扁、狭长，体壁坚硬。口器咀嚼式，复眼发达，缺单眼。前胸背板近方形，前翅鞘质或革质，短小，后翅膜质，扇形，翅脉呈放射状，停息时折叠于前翅之下；部分种类无翅。具尾铗，通常雄虫尾铗内弯，雌虫尾铗直。以红蠼螋为代表种，观察以上特征。

11.直翅目 Orthoptera

渐变态，体中至大型。口器咀嚼式，触角丝状或剑状，复眼发达，单眼2～3个，少数无单眼。前胸腹板平坦或隆起，前胸马鞍形，前翅覆翅，后翅膜质，停息时折叠于前翅下，部分种类短翅或无翅；前足开掘足或后足跳跃足。一般有发达的发音器或听器。尾须1对。以黄脊雷蓖蝗为代表种，观察以上特征。

12.螳䗛目 Mantophasmatodea

渐变态，体小至中型，雌雄二型。头下口式，口器咀嚼式，触角丝状，复眼大小不一，无单眼。胸部每个背板稍盖过其后背板，前胸侧板大，充分暴露，次生无翅，前足和中足捕捉足，后足步行足。尾须短，1节。以东风螳䗛为代表种，观察以上特征。

13.纺足目 Embioptera

渐变态，体小至中型、细长，雌雄二型。口器咀嚼式，触角丝状或念珠状，复眼肾形，无单眼。雄虫前后翅相似，雌虫无翅，前足发达，第一跗节膨大，具丝腺，后足股节膨大，跗节3节。腹部10节，尾须1对，2节。以足丝蚁为代表种，观察以上特征。

14.䗛目 Phasmida

渐变态，体中到巨型，杆状或叶状，雌雄二型。复眼小，单眼仅见于有翅种类；口器咀嚼式，触角丝状或念珠状；长翅、短翅或无翅，无翅种类前胸较短，中、后胸细长；有翅种类前胸大。前翅革质，后翅膜质；足细长或宽扁，易脱落。尾须短，1节。以广西瘤䗛为代表种，观察以上特征。

15.缺翅目 Zoraptera

渐变态，体微至小型。口器咀嚼式，触角9节，念珠状；有翅型复眼发达，单眼3个，无翅型缺复眼或单眼。前翅比后翅大，狭长，脉序简单，易脱落；前胸节发达，腿节膨大，跗节2节。尾须短，1节。以墨脱缺翅虫为代表种，观察以上特征。

16.啮虫目 Psocoptera

渐变态，体微至小型、脆弱，分为有翅型和无翅型。口器咀嚼式，后唇基发达，成方形，触角丝状，复眼发达，向两侧突出，有翅型单眼3个，无翅型无单眼。翅膜质，翅脉简单，前翅大，超出腹末端，休息时翅相叠于背呈屋脊状。无尾须。以嗜卷虱啮为代表种，观察以上特征。

17.食毛目 Mallophaga

渐变态，体微至小型、平扁。口器为特化的咀嚼式，复眼小或退化，无单眼，触角3～5节。前胸小，中、后胸多愈合，次生无翅；足为攀缘足。无尾须。以鸡羽虱为代表种，观察以上特征。

18.虱目 Anoplura

渐变态，体微至小型、扁。口器刺吸式，复眼小或退化，无单眼，触角3～5节。前胸小，中、后胸多愈合，次生无翅；足为攀缘足，跗节1～2节，爪1～2个。无尾须。以体虱为代表种，观察以上特征。

19.缨翅目 Thysanoptera

过渐变态，体微至小型、细长略扁。口器锉吸式，触角6～10节，鞭状、棍棒状或念珠状，单眼3个或无。翅为缨翅，狭长，边缘具缨毛，翅脉简单或退化；足前跗节无爪，有可伸缩的端泡。腹部末端圆锥或细管状，无尾须；产卵器锯齿状或退化。以榕管蓟马为代表种，观察以上特征。

20.半翅目 Hemiptera

渐变态，体微至巨型。口器刺吸式，上颚和下颚特化成4根口针，喙3～4节，少数5节、2节或1节，从前足基节间伸出，或从头部前下方或后下方伸出；触角丝状或刚毛状，复眼发达或退化，单眼2～3个或无。前胸背板发达，后胸小；前翅半鞘翅、覆翅或膜翅，后翅膜翅或退化；胸足发达，雌性介壳虫胸足常退化。腹节常有不同程度的愈合；无尾须。以麻皮蝽为代表种，观察以上特征。

21.脉翅目 Neuroptera

全变态，体微至大型。口器咀嚼式，触角丝状、念珠状、棒状、锯齿状或栉状，复眼发达，单眼无或3个。翅膜质透明，前、后翅相似，脉序网状，有些种类有翅痣，翅缘纵脉2分叉；前翅无臀褶；跗节5节，爪1对。无尾须。以中华草蛉为代表种，观察以上特征。

22.广翅目 Megaloptera

全变态，体小到大型。头宽扁，口器咀嚼式，雄虫上颚发达，触角丝状、念珠状、锯齿状或双栉状；复眼凸出，单眼3个或缺。前胸长，比头部小，翅膜质宽大，脉序网状，翅脉较多，但在外缘不分叉，停息时呈屋脊状置于背上；足跗节5节，爪1对。无尾须。以普通齿蛉为代表种，观察以上特征。

23.蛇蛉目 Raphidioptera

全变态，体小至中型。头长而扁，后部收缩呈颈状，口器咀嚼式；触角丝状，复眼发达，单眼3个或无。前胸显著延长，活动自如，翅膜质，有翅痣，翅脉网状，翅缘有时2分叉，前翅无臀褶，长于后翅，足跗节5节。雌虫产卵器长针状，无尾须。以西藏盲蛇蛉为代表种，观察以上特征。

24.鞘翅目 Coleoptera

全变态或复变态，体微至巨型，体壁坚硬。口器咀嚼式，上颚发达；触角通常11节，类型多样；复眼发达，有些种类退化或消失；一般无单眼，仅少数隐翅虫单眼2个和部分皮蠹单眼1个。前胸和中胸背板发达；前翅鞘翅，后翅膜质，有些种类仅1对前翅或无翅；胸足发达，类型多样；足跗节2～5节。腹板通常愈合或退化，可见腹节5～8节；雌虫无真正的产卵器，雄虫外生殖器只有阳茎而无生殖肢。以红脚异丽金龟为代表种，观察以上特征。

25.长翅目 Mecoptera

全变态，体小至中型。头延长成喙状，下口式，口器咀嚼式，触角丝状，复眼发达，有翅型单眼3个，无翅型无单眼。前胸短小，中、后胸正常，翅狭长，前、后翅相似，少数种类翅退化或消失；足适于捕捉；跗节5节。腹部第一节与后胸愈合；尾短，雄虫1节，雌虫2节；雄虫外生殖器常膨大成球形，似蝎尾状上举。以大双角蝎蛉为代表种，观察以上特征。

26.双翅目 Diptera

全变态，体微至大型。头小，活动自如，多呈球形或半球形；复眼发达，常占据头部的大部分；单眼3个或无。口器刺吸式、舐吸式或刮吸式；触角线状、羽状、环毛状、芒状或具芒状；前胸和后胸小，中胸发达；中胸背板包括盾片、小盾片、后小盾片和后背片；前胸侧板位于前胸气门下方；中胸侧板有4块骨片；前翅膜质，后翅平衡棒；翅脉多变，高等类群趋向减少。雌虫腹末数节形成伪产卵器。以家蝇为代表种，观察以上特征。

27.捻翅目 Strepsiptera

复变态，体微至中型，雌雄异型。口器退化咀嚼式，触角第三节有侧支，复眼大，小眼分离，无单眼。前胸和中胸短，后胸长，雄虫前翅拟平衡棒，后翅扇形，有数条纵脉，无尾须。雌成虫多数幼虫状，无复眼和单眼，无触角，无足无翅，有口、1对气门和育幼腔；营内寄生生活；少数雌成虫有触角、复眼和足等，自由生活。以稻虱跗蝙为代表种，观察以上特征。

28.毛翅目 Trichoptera

全变态，体小至中型。口器退化为咀嚼式，触角丝状，常前伸，与前翅等长或长于前翅，复眼发达，单眼2 ~ 3个或无。前胸比中胸或后胸小，翅狭长，膜质被毛，翅脉接近假想脉序，停息时翅折叠呈屋脊状，明显超出腹末；少数种类翅退化；足细长，跗节5节，爪1对。腹部无特化的产卵器，无尾须。以中华缺距石蛾为代表种，观察以上特征。

29.蚤目 Siphonaptera

全变态，体微或小型、侧扁，体壁骨化。头与胸部紧密接合，口器刺吸式，上颚退化，上唇和下颚特化成3根口针；无复眼，单眼2个或退化，触角短棒状。胸部3节明显，无翅，足粗壮，后足跳跃足，跗节5节。尾须短，1节。以人蚤为代表种，观察以上特征。

30.鳞翅目 Lepidoptera

全变态，体小至大型。复眼大，蝶类无单眼，蛾类单眼2个。口器虹吸式，下唇须发达；蝶类触角棒状，蛾类触角丝状、锯齿状或羽毛状等。中胸发达；翅膜质，由鳞片组成各种斑纹；前翅和后翅中央有中室，有些前翅R脉在中室顶角处形成副室；有的后翅$Sc+R_1$脉在中室基部前缘形成小基室；翅脉较简单，横脉少；原始类群前、后翅R脉各5条，称为同脉脉序；多数类群前翅R脉5条，后翅R脉2条；部分蛾类雌虫无翅。外生殖器位于8 ~ 10腹节，常与附腺相连；有单孔式、外孔式和双孔式；无尾须。以虎斑蝶为代表种，观察以上特征。

31.膜翅目 Hymenoptera

完全变态，体微至大型，多数为捕食性或寄生性。口器咀嚼式或嚼吸式；复眼发达，单眼3个；触角丝状、念珠状、棒状、膝状和栉齿状。前胸较小，有前胸背板突；中胸发达，常分为中胸盾片和小盾片，中胸盾片有2条盾纵沟，细腰亚目后胸背板紧接并胸腹节；膜翅2对，前翅大于后翅；前翅前缘常有翅痣，脉序变化很大；后翅有翅钩列；部分种类无翅或短翅。产卵器发达，锯状、管状或针状，适于锯、钻孔或穿刺产卵。以中华蜜蜂为代表种，观察以上特征。

（二）蛛形纲主要目特征的观察

1.中气门目 Mesostigmata 植绥螨科 Phytoseiidae

体躯由颚体和躯体组成。须肢跗节具1叉毛，螯肢分为动趾和定趾，雄螯肢具导精趾。躯体椭圆形，被背板覆盖，背刚毛13 ~ 23对；盾间膜上具1 ~ 3对侧毛。腹面具胸板、生殖板、足后板和腹肛板。足发达；气门沟1对，位于足Ⅳ基节外侧。以胡瓜钝绥螨为代表种，观察以上特征。

2.绒螨目 Trombidiformes 叶螨科 Tetranychidae

体壁柔软。螯肢端节特化成口针，基节愈合成口针鞘；须肢5节，胫节具坚爪。气管系统发达，气孔开口于螯肢基部。足Ⅰ、Ⅱ跗节一般具双毛，跗节具6 ~ 7根刚毛，跗节爪具黏毛，爪间突黏毛有或无。雌螨生殖区具深刻纹，生殖孔横向开口。以二斑叶螨为代表种，观察以上特征。

（三）检索表编制方法

1.双项式

双项式检索表的每一条中均包含两项相对应的特征，所鉴定的对象符合哪一项就按哪一项所指示的条数继续向下检索，直到检索到其名称为止；总条数为所含种类数减1（$n-1$）。示例如下：

半翅目分亚目检索表

1.前翅半鞘翅，少数质地均匀，后翅膜质 ………………………… 异翅亚目
　前翅覆翅或膜质，后翅膜质或退化或无 ………………………… 2
2.前翅无网状纹 ………………………… 3
　前翅具网状纹 ………………………… 鞘喙亚目
3.喙从前足基节间伸出，触角丝状 ………………………… 胸喙亚目
　喙从头部后下方伸出，触角刚毛状 ………………………… 4
4.触角生于复眼下方，前翅基部肩片发达，前翅2条臀脉相接成“Y”形，无滤室 ………………………… 蜡蝉亚目
　触角生于复眼之间，前翅基部无肩片，臀区无“Y”形脉，有滤室 ……… 蝉亚目

2.单项式

又称连续式，每条仅一项，与其后括号中序号指示的特征相对应，所对应的对象特征若符合，就连续向下检索，若不符合，就检索其后括号中序号对应的条数；总条数为所含种类数的2倍减2（$2n-2$）。示例如下：

直翅目、鞘翅目和半翅目分目检索表

1（4）口器咀嚼式
2（3）前翅革质 ………………………… 直翅目

3（2）前翅鞘质 ………………………………………………………………………… 鞘翅目
4（1）口器刺吸式 ……………………………………………………………………… 半翅目

3.包孕式

又称退格式，一般仅在包含种类数较少时用，且有层次清晰的特点。但在种类数较多的情况下不宜使用。示例如下：

半翅目分亚目检索表

A.前翅半鞘翅，少数质地均匀，后翅膜质 …………………………………… 异翅亚目
AA.前翅覆翅或膜质，后翅膜质或退化或无
　B.前翅具网状纹 ……………………………………………………………… 鞘喙亚目
　BB.前翅无网状纹
　　C.喙从前足基节间伸出，触角丝状 ……………………………………… 胸喙亚目
　　CC.喙从头部后下方伸出，触角刚毛状
　　　D.触角生于复眼下方，前翅2条臀脉相接成“Y”形 ………………… 蜡蝉亚目
　　　DD.触角生于复眼之间，臀区无“Y”形脉 ………………………………… 蝉亚目

四、作业

1.编制衣鱼目、蜉蝣目、蜻蜓目、直翅目、半翅目、脉翅目、鞘翅目、鳞翅目、双翅目、膜翅目的检索表。

2.比较双项式、单项式和包孕式检索表的优缺点。

实验五 | *Experiment 5*

等翅目、缨翅目、直翅目分科

一、实验目的

掌握等翅目、缨翅目、直翅目主要科成虫的外部形态特征。

二、实验材料和工具

（一）实验材料

黑翅土白蚁、台湾乳白蚁、榕管蓟马、稻蓟马、日本条螽、东方蝼蛄、大蟋蟀、短角异斑腿蝗、黄胫小车蝗、长角佛蝗、日本蚱等成虫标本。

（二）实验工具

双目体视镜、解剖针、镊子、培养皿、泡沫板、载玻片、生物显微镜等。

三、实验内容

分别取等翅目、缨翅目、直翅目各科的昆虫标本，采用目视法直接观察其主要外部形态特征。当目视法无法观察到细微的特征时，可将其置于培养皿或泡沫板上，用手持放大镜观察，或在生物显微镜或双目体视镜下观察。

（一）等翅目主要科特征的观察

1.白蚁科 Termitidae

头部有囟。前翅基部前缘有2条深色翅脉，前胸背板马鞍形。兵蚁上唇非鼻状。以黑翅土白蚁为代表种，观察以上特征。

2.鼻白蚁科 Rhinotermitidae

头部有囟。前翅基部前缘有2条深色翅脉，前胸背板平坦。兵蚁上唇鼻状。以台湾乳白蚁为代表种，观察以上特征。

（二）缨翅目主要科特征的观察

1.管蓟马科 Phlaeothripidae

头前部圆，下颚须和下唇须2节，触角8节，少数7节，3、4节有锥状感觉器。前翅无翅脉。以榕管蓟马为代表种，观察以上特征。

2.蓟马科 Thripidae

触角6～9节，3、4节有叉状感器。前翅较窄，末端尖，有1～2条纵脉，无横脉及暗色斑纹。产卵器下弯。以稻蓟马为代表种，观察以上特征。

（三）直翅目主要科特征的观察

1.螽斯科 Tettigoniidae

体小至大型。触角长丝状，位于复眼之间，触角窝周缘非强隆起。前、后翅发达或退化，雄虫前翅具发音器，前足胫节具背刺，听器封闭型，后足胫节背面具端距；1、2跗节具侧沟。产卵瓣刀状或剑状。以日本条螽为代表种，观察以上特征。

2.蝼蛄科 Gryllotalpidae

体中型。前口式。单眼2个，额部较强凸起延伸至唇基部。前胸背板卵形，前缘内凹，雄虫前翅发音器不发达，前足基距源于股节，前足胫节听器不发达，趾状突3～4个，跗节前两节呈片状，后足较短。产卵器退化。以东方蝼蛄为代表种，观察以上特征。

3.蟋蟀科 Gryllidae

体小至大型，头大而圆，下口式。触角长丝状；胸部宽，雄虫前翅具镜膜或退化成鳞片状。后足胫节背面两侧缘具刺；雄虫前翅上有发音器，由翅脉上的刮片、摩擦脉和发音镜组成。腹末具2根长尾丝，产卵瓣长矛状。以大蟋蟀为代表种，观察以上特征。

4.斑腿蝗科 Catantopidae

体中至大型。颜面垂直或向后倾，触角丝状。前胸背板较平，前胸腹板具锥形、圆形、柱形或横片状突起，后足股节外侧具羽状隆线，上基片长于下基片。以短角异斑腿蝗为代表种，观察以上特征。

5.斑翅蝗科 Oedipodidae

体中至大型。颜面垂直或向后倾。触角丝状；前胸背板平坦，有些具中隆线，前、后翅发达，常具有暗色斑纹，前翅中闰脉具音齿，前胸腹板无突起，后足股节外侧具羽状隆线，上基片长于下基片。以黄胫小车蝗为代表种，观察以上特征。

6.剑角蝗科 Acrididae

体中至大型，体形多样，粗短或细长。头短锥形或长锥形，颜面向后倾斜，前端背面缺细纵沟，触角剑状，基部各节宽大于长。前胸背板发达，马鞍形，盖住中、后胸，前、后翅发达，前胸腹板突有或无，后足股节外侧具羽状隆线，上基片长于下基片。以长角佛蝗为代表种，观察以上特征。

7.蚱科 Tetrigidae

体中小型。触角丝状，位于复眼下缘内侧。前胸背板特别发达，向后延伸至腹末，末端尖，呈菱形；前翅退化成鳞片状，后翅正常或退化，少数种类无翅；跗节式2-2-3；爪无中垫，无发音器或听器。以日本蚱为代表种，观察以上特征。

四、作业

1. 描述白蚁科和鼻白蚁科的特征。
2. 描述管蓟马科和蓟马科的特征。
3. 编制螽斯科、蝼蛄科、蟋蟀科、斑腿蝗科、斑翅蝗科、蝗科、蚱科分科检索表。

实验六 | *Experiment 6*

半翅目分科

一、实验目的

掌握半翅目主要科成虫的外部形态特征。

二、实验材料和工具

（一）实验材料

桉树芽木虱、黑刺粉虱、松大蚜、湿地松粉蚧、红蜡蚧、松突圆蚧、斑衣蜡蝉、白蛾蜡蝉、八点广翅蜡蝉、蚱蝉、灰同缘小叶蝉、小斑红沫蝉、黑圆角蝉、环斑猛猎蝽、绿盲蝽、杜鹃网蝽、红脊长蝽、离斑棉红蝽、黑胫侎缘蝽、丽盾蝽、麻皮蝽、亚铜平龟蝽。

（二）实验工具

双目体视镜、解剖针、镊子、培养皿、泡沫板、载玻片、生物显微镜等。

三、实验内容

取半翅目各科昆虫的标本，采用目视法直接观察其主要外部形态特征。当目视法无法观察到细微的特征时，可将其置于培养皿内或泡沫板上，用手持放大镜观察，或在双目体视镜或生物显微镜下观察。

1.木虱科 Psyllidae

体小型。喙3节；触角10节，末节端部有2刺；复眼大，单眼3个。雌雄均有翅；前翅革质或膜质，R脉、M脉和Cu_1脉基部愈合，近中部分成3支，近端部每支再各分2支；跗节2节。以桉树芽木虱为代表种，观察以上特征。

2.粉虱科 Aleyrodidae

体小型，体和翅上被白色蜡粉。喙3节；触角7节；复眼的小眼分为上、下两群，分离或连在一起；单眼2个。雌雄均有翅；前翅R脉、M脉和Cu_1脉在一条短的主干上；跗节2节。以黑刺粉虱为代表种，观察以上特征。

3.蚜科 Aphididae

体小型。触角6节，少数4 ~ 5节，最后2节有圆形感觉孔；复眼多个小眼面；单眼2个。前翅有Rs脉、M脉、Cu_1脉和Cu_2脉4条斜脉，M脉分叉1 ~ 2次；停息时两对翅呈屋脊状叠放于体背；腹部第五或第六节背侧有1对腹管；跗节2节。以松大蚜为代表种，观察以上特征。

4.粉蚧科 Pseudococcidae

体小型，长卵形，分节明显，体被粉状蜡质物。触角5 ~ 9节。无翅，胸足发达，跗节1节。肛门周围有骨化的肛环和肛环刺毛4 ~ 8根；自由生活。雄虫常有翅，腹末有1对白色蜡丝；交配器短，基部粗壮。以湿地松粉蚧为代表种，观察以上特征。

5.蜡蚧科 Coccidae

体小型，雌成虫体长卵形、卵形、扁平或隆起呈半球形，光滑，裸露，或被蜡质或虫胶等分泌物，体分节不明显。触角6 ~ 8节或退化；无翅，足短小；腹末有臀裂，肛门有肛环及环刺毛，肛门上有1对三角形肛板。雄虫有翅或无翅，触角10节，腹末端有2根长蜡丝，交配器短。以红蜡蚧为代表种，观察以上特征。

6.盾蚧科 Diaspididae

体小型，若虫和雌成虫的盾状介壳为前一龄的虫蜕再加上其分泌物组成，介壳与虫体明显分开。雌成虫圆形或长形，分为前后两部分，前部由头、前胸和中胸组成，或头胸部和第一和/或第二腹节组成，其余体节分节明显，组成后部。触角1节或退化；复眼退化，无单眼，或仅存遗迹。无翅，无足。腹部4 ~ 8节或5 ~ 8节愈合成臀板，肛门板边缘具臀叶，肛门位于背面，无肛板、肛环和肛环刺毛。雄虫触角丝状，10节，多有翅，腹末端无蜡丝，交配器狭长。以松突圆蚧为代表种，观察以上特征。

7.蜡蝉科 Fulgoridae

体中至大型，体色艳丽。头多圆形，有些具大型头突；单眼2个。胸部大，前胸背板前突；前翅革质或膜质，后翅膜质，端部翅脉多分叉，多横脉，呈网状；前翅爪片明显，后翅臀区发达；后足胫节多刺。以斑衣蜡蝉为代表种，观察以上特征。

8.蛾蜡蝉科 Flatidae

体小至中型，形似蛾。头比前胸窄；单眼2个。前翅革质，后翅膜质；前翅宽大，翅脉网状，前缘区多横脉，呈网状，臀区脉纹上有颗粒；后翅宽大，横脉少，翅脉不呈网状。以白蛾蜡蝉为代表种，观察以上特征。

9.广翅蜡蝉科 Ricaniidae

体小到大型，部分种类体表被有蜡粉，休息时呈屋脊状，外形似蛾类。头顶较狭；前胸背板衣领状，中胸背板扇形，前翅近三角形，基室发出 3 ~ 4条纵脉，其后形成规律分支；横脉少，在翅端形成2 ~ 3条线。以八点广翅蜡蝉为代表种，观察以上特征。

10.蝉科 Cicadidae

体中至大型。单眼3个。翅膜质，常透明，后翅小；翅脉发达；前足开掘足，腿节常具齿或刺。雄虫第一腹板有发达的发音器；雌虫产卵器发达。以蚱蝉为代表种，观察以上特征。

11. 叶蝉科 Cicadellidae

体小型。头部颊宽大，单眼2个。前翅革质，后翅膜质，翅脉不同程度退化；后足胫节有2列以上的棱脊，棱脊上有成列的刺毛。以灰同缘小叶蝉为代表种，观察以上特征。

12. 沫蝉科 Cercopidae

体小至中型。喙2节，单眼2个。前胸背板大，前缘平直，前翅革质，Sc脉消失，后翅膜质，缘脉正常；后足胫节有1 ~ 2侧刺，末端有1 ~ 2圈端刺。以小斑红沫蝉为代表种，观察以上特征。

13. 角蝉科 Membracidae

体小至中型。复眼大，突出，单眼2个。前胸背板发达，向前、向后、向上或向两侧延伸成奇特的角状突；翅膜质；后足胫节端有一横列端刺。以黑圆角蝉为代表种，观察以上特征。

14. 猎蝽科 Reduviidae

体小至中型。头细长，后端呈颈状，喙3节，后端放在前胸腹板沟内；触角4 ~ 5节，单眼2个或无。小盾片小三角形，前翅膜片常有2个翅室，室端伸出2条纵脉；跗节3节。腹部侧缘发达，明显宽于翅。以环斑猛猎蝽为代表种，观察以上特征。

15. 盲蝽科 Miridae

体小至中型。喙4节；触角4节，复眼突出，无单眼。小盾片小三角形，前翅革区分为革片、爪片和楔片，常有楔片缝，膜片有1 ~ 2个封闭翅室；跗节3节，少数2节。产卵器发达。以绿盲蝽为代表种，观察以上特征。

16. 网蝽科 Tingidae

体小至中型，扁平，头部背面、前胸背板和前翅上有网状花纹。喙4节；触角4节，第一、第二节短，第三节长；无单眼。前翅革质，小盾片三角形，跗节式2-2-2。产卵器针状。以杜鹃网蝽为代表种，观察以上特征。

17. 长蝽科 Lygaeidae

体小至中型。喙4节；触角4节；单眼2个。前翅革区无楔片，膜片有4 ~ 5条纵脉，不分支，有的有翅室；小盾片三角形。以红脊长蝽为代表种，观察以上特征。

18. 红蝽科 Pyrrhocoridae

体中至大型。喙4节；触角4节；无单眼。前胸背板具扁而薄上卷的侧边；前翅膜片有多条纵脉，成不规则网状，基部有2 ~ 3个翅室，每翅室有3 ~ 4条纵脉伸出；小盾片三角形。以离斑棉红蝽为代表种，观察以上特征。

19. 缘蝽科 Coreidae

体中至大型，触角、前胸背板和足常扩大。头小，短于前胸背板；喙4节；触角4节；单眼2个。前翅革区有革片和爪片，膜片8条以上的纵脉从1条基横脉发出；小盾片三角形。以黑胫侎缘蝽为代表种，观察以上特征。

20. 盾蝽科 Scutelleridae

体小至中型，许多种类色彩艳丽。头宽短；上颚片极阔；喙4节；触角4 ~ 5节；单眼2个。中胸小盾片发达，盖住大部分前翅和整个腹部；前翅与身体等长，革片不伸达翅的臀缘，骨化减弱，膜片不折叠，具多数纵脉。以丽盾蝽为代表种，观察以上特征。

21.蝽科 Pentatomidae

体小至大型。头小；喙4节；触角5节，极少数4节；单眼2个。前胸背板多六边形，小盾片三角形，约为前翅之半，有些种类小盾片发达，延至体末；前翅革片达翅的臀缘，膜片具多条纵脉，少分支；足跗节式3-3-3。腹部第二气门被后胸侧板遮盖。以麻皮蝽为代表种，观察以上特征。

22.龟蝽科 Plataspidae

又称圆蝽科。体小至大型，近圆形。喙4节；触角5节；单眼2个。小盾片半球形，覆盖翅和整个腹部；前翅长于体长，膜片折叠于小盾片之下。以亚铜平龟蝽为代表种，观察以上特征。

四、作业

1. 比较粉蚧科、盾蚧科、蜡蚧科主要外部形态的区别。
2. 描述缘蝽科、蝽科、长蝽科、红蝽科、猎蝽科、盾蝽科主要外部形态的特征。
3. 绘制盲蝽科前翅图，注明缘片、楔片、爪片、膜片。

实验七 | *Experiment 7*

鞘翅目分科

一、实验目的

掌握鞘翅目主要科成虫的外部形态特征。

二、实验材料和工具

（一）实验材料

奇裂跗步甲、金斑虎甲、梭毒隐翅虫、褐黄前锹甲、黑裸蜣螂、暗黑鳃金龟、红脚异丽金龟、东方艳星花金龟、双叉犀金龟、黄宽缘萤、日本松脊吉丁、沟叩甲、大斑芫菁、黄粉虫、异色瓢虫、柳蓝叶甲、云斑白条天牛、松树材小蠹、锈色棕榈象。

（二）实验工具

双目体视镜、放大镜、解剖针、镊子、培养皿、泡沫板等。

三、实验内容

取鞘翅目各科昆虫的标本，采用目视法直接观察其主要外部形态特征。当目视法无法观察到细微的特征时，可将其置于培养皿，用手持放大镜观察，或在双目体视镜下观察。

1.步甲科 Carabidae

体中至大型，多数色暗，少数色彩鲜艳。头窄于前胸，前口式；触角10～11节，着生于上颚基部与复眼间，触角间距大于唇基宽；复眼小；上颚不甚发达。多数种类前翅愈合，后翅退化，不能飞翔；少数后翅发达，飞翔能力较强。以奇裂跗步甲为代表种，观察以上特征。

2.虎甲科 Cicindelidae

体中型，具金属光泽和鲜艳色斑。头略宽于前胸，下口式；触角11节，着生于上颚基部上方，触角间距小于唇基宽度；复眼大而突出；上颚发达。后翅发达，善飞。以金斑虎甲为代表种，观察以上特征。

3.隐翅甲科 Staphylinidae

体小至中型，狭长，两侧平行或端部尖削。头前口式，具外咽片；触角丝状或棒状；

单眼1～2个。鞘翅短，末端平截，后翅发达，折叠于前翅下；腹部大部分外露。以梭毒隐翅甲为代表种，观察以上特征。

4.锹甲科 Lucanidae

体中至大型，雌雄二型。头前口式；触角膝状，11节；复眼完整或分上、下两部分；雄虫上颚发达，雌虫上颚较小。前胸背板宽方形，鞘翅盖住腹部；跗节式5-5-5。以褐黄前锹甲为代表种，观察以上特征。

5.金龟科 Scarabaeidae

体小至中型，卵圆形或椭圆形，粗壮，背凸。头部铲形或多齿；上颚被唇基盖住，从背面不可见。触角鳃叶状，多毛；中胸小盾片不外露；前足开掘足，中足基节左右远离，后足远离中足；跗节式5-5-5。腹部气门全部被鞘翅盖住。以黑裸蜣螂为代表种，观察以上特征。

6.鳃金龟科 Melolonthidae

体小至大型，椭圆形。上颚位于唇基下，从背面不可见；触角鳃叶状，少毛。中胸小盾片显著可见；前足开掘足，中足基节相互靠近，后足近中足，远离腹末；后足端跗节1对爪，大小相等，均二分叉；腹气门位于腹板侧，前后气门几乎成一直线，鞘翅末端露出1对气门。腹部可见腹板5节，腹末2节外露；跗节式5-5-5。以暗黑鳃金龟为代表种，观察以上特征。

7.丽金龟科 Rutelidae

体小至中型，椭圆形，色彩艳丽。上唇骨化，触角鳃叶状，少毛。鞘翅常具膜质边缘；中胸小盾片可见；中足基节相互靠近；后足胫节端距2个；爪1对，不等长，后足尤其明显；跗节式5-5-5。腹部侧膜和侧板上各有3对气门。以红脚异丽金龟为代表种，观察以上特征。

8.花金龟科 Cetoniidae

体小至大型，色彩艳丽，有花斑。触角鳃叶状，上颚小而薄，具长毛，被唇基遮盖。中胸后侧片从背面可见；鞘翅外缘在肩后凹陷，露出腹背侧板和后翅；中胸小盾片可见，中胸腹板有圆形突出物向前伸；中足基节相互靠近；后足胫节端距2个；爪1对，等长；跗节式5-5-5。气门位于腹部侧膜和侧板上。以东方艳星花金龟为代表种，观察以上特征。

9.犀金龟科 Dynastidae

体中至大型，背面隆起，雌雄二型。触角鳃叶状，上颚发达，从背面可见；头和前胸背板有角状突，雄虫尤其明显。中胸小盾片可见；中足基节相互靠近；后足胫节端距2个；后足1对爪等长；跗节式5-5-5。气门位于腹部侧膜和腹板侧。以双叉犀金龟为代表种，观察以上特征。

10.萤科 Lampyridae

体小至中型，扁平，体壁与鞘翅柔软。头小，前口式，前胸背板大，盖住头部；触角丝状或栉齿状；雄虫复眼大，雌虫复眼小。前足基节圆锥形，跗节式5-5-5。雄虫发光器在腹末2节，雌虫发光器在腹末1节；部分种类雌虫常无翅呈幼虫型，发光器在腹末1节。以黄宽缘萤为代表种，观察以上特征。

11.吉丁甲科 Buprestidae

体小至大型，体长，大多有美丽光泽。头短，垂直，嵌入前胸；触角锯齿状。前胸背板宽大于长，侧后角不突出，腹板突嵌在中胸腹板上，形成不可动关节；后胸腹板上有1条明显横沟；跗节式5-5-5。第一和第二腹板常愈合。以日本松脊吉丁为代表种，观察以上特征。

12.叩甲科 Elateridae

体小至大型，狭长，末端尖削，略扁，多数体色暗，少数鲜艳。头小，横形，嵌入前胸；触角锯齿状、丝状和念珠状。前胸背板与鞘翅相接处凹下，后侧角突出成锐刺，前胸腹板后有一楔形突插入中胸腹板沟，作为弹跳的工具；跗节式5-5-5。腹部第一、第二节分界明显。以沟叩甲为代表种，观察以上特征。

13.芫菁科 Meloidae

体小至中型，复变态。头宽于前胸，后方收缩如颈状，下口式；触角丝状或念珠状，雄虫中部几节粗大。前胸窄于鞘翅基部，无侧缘；鞘翅柔软，部分重叠，在末端分离；跗节式5-5-4。以大斑芫菁为代表种，观察以上特征。

14.拟步甲科 Tenebrionidae

体小至大型，形态多变，黑色或褐色。头小，前口式；前唇基明显；触角丝状或棒状。鞘翅盖住整个腹部，有发达假翅缘折；有些种类两鞘翅愈合，后翅退化；跗节式5-5-4，爪简单。以黄粉虫为代表种，观察以上特征。

15.瓢甲科 Coccinellidae

体微至中型，半球形或长卵形，体色多变。头小，部分嵌入前胸；触角位于复眼前缘内侧，锤状；捕食性的上颚基部有齿，端部叉状，植食性的上颚基部无齿，末端及内侧有多个小齿，菌食性的上颚末端分裂成5 ~ 8个小齿。鞘翅缘折发达；足常不超出体缘；跗节隐4节；腹部可见5 ~ 6节。以异色瓢虫为代表种，观察以上特征。

16.叶甲科 Chrysomelidae

体小至中型，椭圆形，背面突，体鲜艳。头亚前口式或下口式；唇基不与额愈合，前唇基明显分出；触角线状；鞘翅盖住腹末或短缩。前足基节横形或锥形，跗节隐5节。以柳蓝叶甲为代表种，观察以上特征。

17.天牛科 Cerambycidae

体小至大型，体色多样。头下口式，触角长，丝状，着生于额瘤上；复眼肾形。前胸背板侧缘常有刺突，中胸常有发音器；跗节隐5节。以云斑白条天牛为代表种，观察以上特征。

18.小蠹科 Scolytidae

体小型，长椭圆形，褐色或黑色。头窄于前胸，后部被前胸背板覆盖。无上唇，下颚须3节；触角棒状部3 ~ 4节；复眼椭圆形或肾形，分裂为两部分。前胸占体长1/3以上，与鞘翅约等宽，侧缘明显；鞘翅到达或超过腹末，跗节隐4节。以松树材小蠹为代表种，观察以上特征。

19.象甲科 Curculionidae

体小至大型。头前口式，额和颊前伸成喙，口器位于喙顶端，有口上片，无上唇；

触角膝状；复眼突出。前胸背板侧缘常有刺突；跗节5节或隐5节。以锈色棕榈象为代表种，观察以上特征。

四、作业

1. 分别比较步甲科和虎甲科、吉丁甲科和叩甲科、瓢甲科和叶甲科外部形态特征的差异。

2. 比较金龟科、鳃金龟科、丽金龟科、花金龟科、犀金龟科外部形态特征的差异。

3. 编制隐翅甲科、锹甲科、萤科、芫菁科、拟步甲科、天牛科、小蠹科、象甲科的检索表。

实验八 | *Experiment 8*

鳞翅目分科

一、实验目的

掌握鳞翅目主要科成虫的外部形态特征。

二、实验材料和工具

（一）实验材料

白伞弄蝶、青凤蝶、迁粉蝶、连纹黛眼蝶、二尾蛱蝶、曲纹紫灰蝶、异型紫斑蝶、螺纹袋蛾、柑橘潜叶蛾、豹裳卷蛾、黄刺蛾、微红梢斑螟、柚木野螟、油桐尺蛾、马尾松毛虫、绿尾天蚕蛾、鹰翅天蛾、松茸毒蛾、红腹灯蛾、枯叶夜蛾、苹掌舟蛾、咖啡豹蠹蛾。

（二）实验工具

双目体视镜、放大镜、解剖针、镊子、培养皿、泡沫板等。

三、实验内容

取鳞翅目各科昆虫的标本，采用目视法直接观察其主要外部形态特征。当目视法无法观察到细微的特征时，可将其置于培养皿或泡沫板上，用手持放大镜观察，或在双目体视镜下观察。

1.弄蝶科 Hesperiidae

体小至中型，粗壮，颜色深暗。头大，常较胸部宽；触角短，基部互相远离，端部弯成钩状；下唇须第二节略扁，第三节短。前翅三角形，顶角尖；R脉5条，前后翅脉纹均直接从中室分出，不相合或分叉，A脉2条，离开基部后合并；后翅近圆形，A脉3条。以白伞弄蝶为代表种，观察以上特征。

2.凤蝶科 Papilionidae

体中到大型，色彩鲜艳。眼光滑；喙管发达；触角发达，向端部逐渐加大；下唇须小。前足胫节内侧有一大型叶状中刺。前、后翅三角形，中室均为闭式；前翅R脉5条，R_4与R_5脉共柄，M_1脉不与R脉共柄，A脉2条，3A脉短，通常有1条基横脉（Cu-a）；后翅A脉1条；肩角有1条钩状的肩脉（h），生在亚缘室上；外缘波状，多数种类M_3常延伸成尾突或无尾突。以青凤蝶为代表种，观察以上特征。

3.粉蝶科 Pieridae

体中型，颜色素淡，多白色或黄色，有黑色斑纹。头小，触角明显成锤状，下唇须发达。雌雄蝶前足均发达。前翅三角形，顶角尖或圆；前后翅中室均为闭式；R脉3条或4条，极少5条，基部多合并，A脉1条；后翅卵圆形，外缘光滑，无尾突，无肩室，A脉2条。以迁粉蝶为代表种，观察以上特征。

4.眼蝶科 Satyridae

体小至中型，多为灰褐色、黄褐色或黑褐色，少数红色或白色。头小，复眼光滑或有毛；触角端部明显呈短锤状；下唇须长，末节向下，侧扁有密毛。前足退化，毛刷状，缩在胸部下不能步行，雌蝶跗节1节以上；雄蝶跗节1节，无爪；中后足正常，跗节5节。翅短阔，外缘扇状，或齿出或后翅有尾突；翅上常有眼状斑或圆纹，极少没有或不明显；前翅有12条脉纹，有1条以上的脉纹基部加粗；R脉5条；A脉1条；后翅A脉2条，外缘圆或波状，有肩脉；前、后翅中室闭式，偶尔端脉中部弱或中断。以连纹黛眼蝶为代表种，观察以上特征。

5.蛱蝶科 Nymphalidae

体小至大型，色彩鲜艳。复眼裸露或有毛；触角长，上有鳞片，端部呈明显的锤状，基部有2沟与头中脊隔离；下唇须变化大。前足退化，缩在胸部没有作用，雌蝶跗节4～5节，雄蝶跗节1节，多毛，雌、雄跗节均无爪；中、后足正常。前翅主脉基部不膨大，中室多为闭式（翠蛱蝶属例外），R脉5条，基部多在中室顶角外合并，A脉1条，基部不分叉；后翅中室开放或闭式，A脉2条。以二尾蛱蝶为代表种，观察以上特征。

6.灰蝶科 Lycaenidae

体小至中型，色彩鲜艳，雌雄正面不同，反面相同。颜狭，复眼周围有一圈白毛；触角锤状，每节有白色环；下唇须细，前伸或上举。前足退化，但仍能步行，雌蝶跗节5节，具2爪，雄蝶跗节多数1节,1爪；中、后足正常。前翅有10～11条脉纹,R脉3～4条，少数5条；A脉1条。后翅A脉2条，有些有1～3个尾突；前、后翅中室闭式，有细脉。以曲纹紫灰蝶为代表种，观察以上特征。

7.斑蝶科 Danaidae

体中至大型，色彩鲜艳。头部和胸部常有白色斑；头大，眼光滑；触角端部略膨大；下唇须小，上举。前足很退化，缩在胸部下；雌蝶跗节3节，雄蝶跗节1节，末端皱缩成刷状，雌、雄跗节均无爪；中、后足正常。翅外缘圆形或波状，中室长，闭式；前翅R脉5条，R_3、R_4、R_5脉基部合并，M_2脉常有回脉伸入中室，中室端脉凹入，2A脉发达，基部有极小的3A脉并入；后翅前缘平直，肩脉发达，A脉2条，无尾突。以异型紫斑蝶为代表种，观察以上特征。

8.袋蛾科 Psychidae

体小至中型，雌雄异型。雄虫触角双栉状；喙缺，下唇须短。具翅，翅面被稀疏鳞毛和鳞片，少斑纹，翅缰大，R_5脉常达外缘，前后翅中室内有分支的M脉主干，M_2和

M_3脉共柄。雌成虫通常无翅，幼虫状，触角、口器和足有不同程度的退化，羽化后仍留在巢袋内交尾和产卵。以螺纹袋蛾为代表种，观察以上特征。

9.潜叶蛾科 Lyonetiidae

体微至小型。头被粗鳞毛或光滑，额光滑并强烈倾斜；缺单眼；触角丝状，长至少为前翅的2/3，柄节扩大；喙光裸，短或退化；下颚须小，1节；下唇须短，平伸或下垂，常退化。前翅狭窄，披针形，翅脉常合并；后翅线状，有长缘毛。以柑橘潜叶蛾为代表种，观察以上特征。

10.卷蛾科 Tortricidae

体小型，多为褐色或棕色。前翅常有斜的条纹，Cu_{1b}脉从中室末端1/4之前分出，两前翅平叠在背上成吊钟形，后翅M_1脉不与Rs脉共柄。以豹裳卷蛾为代表种，观察以上特征。

11.刺蛾科 Limacodidae

体粗短，喙退化，鳞毛较松厚，多为黄褐色、绿色。翅常短、阔、圆，中脉主干在中室内存在，常分叉，后翅$Sc+R_1$脉与Rs脉从基部分开，或沿中室基半部短距离愈合。以黄刺蛾为代表种，观察以上特征。

12.螟蛾科 Pyralidae

体小至大型。下唇须向头部前端伸出；触角丝状。前翅三角形，R脉5条，R_3脉和R_4脉常共柄；后翅$Sc+R_1$脉有一段在中室外与Rs脉愈合或接近，M_2靠近M_3脉，A脉3条。以微红梢斑螟为代表种，观察以上特征。

13.草螟科 Crambidae

体小至中型，颜色多变。喙基部被鳞片；前翅R_3与R_4脉共柄或合并，后翅$Sc+R_1$脉与Rs脉在中室外侧共柄。第一、第二腹板有2个鼓膜室，每个鼓膜室有1个鼓膜和1个节间膜，鼓膜室开放，前端中部有1条宽缝隙，鼓膜与节间膜不在同一平面上，且明显形成角度，听器间突发达。以柚木野螟为代表种，观察以上特征。

14.尺蛾科 Geometridae

体小至大型。翅大而薄，前、后翅颜色和花纹常相同，并有许多条纹连接，静止时四翅平展；后翅$Sc+R_1$脉与Rs脉基部向肩角处弯曲。有些雌虫无翅。以油桐尺蛾为代表种，观察以上特征。

15.枯叶蛾科 Lasiocampidae

体粗壮，褐色或灰色。喙退化，无单眼，雄虫触角羽毛状。后翅肩角膨大，通常有2条或多条间脉从亚缘室伸出，无翅缰。以马尾松毛虫为代表种，观察以上特征。

16.天蚕蛾科 Saturniidae

体大至巨型。触角双栉状。翅中央有透明斑，后翅肩角扩大，$Sc+R_1$脉从中室基部分歧，M_2脉从中室中央或之前分出，翅缰完全消失。以绿尾天蚕蛾为代表种，观察以上特征。

17.天蛾科 Sphingidae

体粗壮肥大，前、后两端较小，似梭形。触角末端常成一细钩。前翅狭长，外缘倾斜，后翅较小。以鹰翅天蛾为代表种，观察以上特征。

18.毒蛾科 Lymantriidae

体小至大型。体表被较多鳞片，休息时前足伸前。具翅种类触角为双栉状，无单眼，喙退化。后翅 Sc + R_1 脉与 Rs 脉在中室中部或后部并接形成一大基室。腹末有毛簇。以松茸毒蛾为代表种，观察以上特征。

19.灯蛾科 Arctiidae

体较粗壮，腹部多为红色或黄色，有的各节背中央有黑点。翅面常有黑点或条纹，后翅 Sc + R_1 脉与 Rs 脉并接至中室中部或以外。以红腹灯蛾为代表种，观察以上特征。

20.夜蛾科 Noctuidae

体小至大型，粗壮。前翅略窄而后翅宽，前翅颜色暗而有保护色，后翅色浅，后翅 Sc+R_1 脉与 Rs 脉在近基部处有一短距离的愈合，然后再分开。以枯叶夜蛾为代表种，观察以上特征。

21.舟蛾科 Notodontidae

体小至大型。喙发达，无单眼。前翅 M_2 脉从中室端部中央伸出，肘脉似3叉式；后翅 Sc+R_1 脉与 Rs 脉接近但不接触，或由一短横脉相连。以苹掌舟蛾为代表种，观察以上特征。

22.木蠹蛾科 Cossidae

体较大。喙消失。中脉主干在中室内分叉。以咖啡豹蠹蛾为代表种，观察以上特征。

四、作业

1. 如何从形态上区分蝶和蛾?

2. 描述弄蝶科、凤蝶科、粉蝶科、蛱蝶科、斑蝶科、眼蝶科成虫的主要外部形态特征。

3. 比较螟蛾科、夜蛾科、毒蛾科、灯蛾科成虫的主要外部形态的区别。

实验九 | *Experiment 9*

双翅目分科

一、实验目的

掌握双翅目主要科成虫的外部形态特征。

二、实验材料和工具

（一）实验材料

新雅大蚊、白纹伊蚊、稻摇蚊、华广虻、金黄指突水虻、中华单羽食虫虻、黑带食蚜蝇、橘小实蝇、黑腹果蝇、豌豆潜叶蝇、家蝇、大头金蝇、肥须亚麻蝇、松毛虫狭颊寄蝇。

（二）实验工具

双目体视镜、放大镜、解剖针、镊子、培养皿、泡沫板等。

三、实验内容

取双翅目各科昆虫的标本，采用目视法直接观察其主要外部形态特征。当目视法无法观察到细微的特征时，可将其置于培养皿或泡沫板上，用手持放大镜观察，或在双目体视镜下观察。

1.大蚊科 Tipulidae

体小至大型，细长少毛。复眼通常分开；无单眼；触角长丝、锯齿状或栉状。前胸背板较发达，中胸背板有V形盾间缝；翅狭长，基部窄，翅脉多，有9 ~ 12条纵脉伸达翅缘，A脉2 ~ 3条，有些种类无翅；足细长。以新雅大蚊为代表种，观察以上特征。

2.蚊科 Culicidae

体小型，体、翅具鳞片。口器刺吸式；触角环毛状，雄虫触角毛长而细，雌虫触角毛短而疏；无单眼。翅狭长，顶角圆，有缘毛，Rs脉3支，M脉2分支。以白纹伊蚊为代表种，观察以上特征。

3.摇蚊科 Chironomidae

体小型。口器退化，无上颚；雌蚊触角丝状，有短毛，雄蚊触角环毛状；无单眼。

中胸后盾片有一纵沟；翅狭长，无鳞片，C脉止于翅顶角附近，M脉2分支；前足最长，休息时常上举。以稻摇蚊为代表种，观察以上特征。

4.虻科 Tabanidae

体中至大型。头半球形，复眼大，雄虫复眼为接眼，雌虫复眼为离眼；触角第三节牛角状。C脉伸达翅顶角，R_4脉和R_5脉端部分别伸达翅顶角的前方与后方；前翅中央有长六边形的中室；爪间突垫状。以华广虻为代表种，观察以上特征。

5.水虻科 Stratiomyidae

体小至大型。头宽；雄虫复眼多接眼，雌虫复眼为离眼；触角鞭节分5～8亚节。C脉止于R_{4+5}脉，不伸达翅顶角；存在M_2脉；前翅中央有近正六边形的小中室，臀室近翅缘关闭；爪间突垫状。以金黄指突水虻为代表种，观察以上特征。

6.食虫虻科 Asilidae

体小至大型，体多毛和鬃。头半球形，头顶明显凹陷；口器长而坚硬；雌虫复眼间隔大；触角鞭节1～3个亚节形成端刺。前翅R_5脉伸达翅外缘；前翅中央有长六边形的中室；足较粗壮，有发达的鬃；爪间突刚毛状或缺。以中华单羽食虫虻为代表种，观察以上特征。

7.食蚜蝇科 Syrphidae

体小至中型。头无额囊缝。前翅R脉与M脉之间有伪脉。腹部常有黄黑相间条纹。以黑带食蚜蝇为代表种，观察以上特征。

8.实蝇科 Tephritidae

体小至中型，体、翅有斑纹。头有额囊缝；触角芒光滑或有细毛。前翅无下腋瓣，C脉有2个缘折；Sc脉端部呈直角弯向前缘；R脉3支，M脉2分支；臀室末端成锐角状。雌虫伪产卵管细长突出。以橘小实蝇为代表种，观察以上特征。

9.果蝇科 Drosophilidae

体小型。复眼常红色；头有额囊缝；触角芒羽毛状，有眼眶鬃和髭。中胸背板有2～10列刚毛；C脉有2缺刻，Sc脉退化，臀室小；前翅无下腋瓣，有2个缘折。以黑腹果蝇为代表种，观察以上特征。

10.潜蝇科 Agromyzidae

体微至小型，黑色或黄色。头有额囊缝；后顶鬃分开，有髭；触角芒光裸或具毛。前翅C脉有一缺刻；Sc脉退化或与R_1脉合并；臀室小。以豌豆潜叶蝇为代表种，观察以上特征。

11.蝇科 Muscidae

体小至中型，灰黑色。喙肉质，唇瓣发达；触角芒裸或羽毛状。前翅M_{1+2}脉近端部向前弯，呈钝角，Cu_1+A_1不达翅缘。以家蝇为代表种，观察以上特征。

12.丽蝇科 Calliphoridae

体中至大型，常有蓝色或绿色的金属光泽。触角芒全羽毛状。前翅M_{1+2}脉近端部直角前弯。以大头金蝇为代表种，观察以上特征。

13.麻蝇科 Sarcophagidae

体中至大型，无金属光泽。触角芒光裸或基半部羽毛状。前翅M_{1+2}脉端部直角前弯。

以肥须亚麻蝇为代表种，观察以上特征。

14.寄蝇科 Tachinidae

体小至中型，体多鬃毛。触角芒光裸或具微毛。后小盾片发达；前翅M_{1+2}脉近端部前弯呈心形。腹部有许多粗大的鬃，各节腹板被背板两侧盖住。以松毛虫狭颊寄蝇为代表种，观察以上特征。

四、作业

1. 比较大蚊科、摇蚊科、蚊科成虫主要外部形态的区别。
2. 描述寄蝇科、蝇科、实蝇科成虫的主要外部形态特征。
3. 绘制食蚜蝇前翅脉序图，并注明各翅脉名称。

实验十 | *Experiment 10*

膜翅目分科

一、实验目的

掌握膜翅目主要科成虫的外部形态特征。

二、实验材料和工具

（一）实验材料

红胸樟叶蜂、广大腿小蜂、蝇蛹金小蜂、松毛虫赤眼蜂、松毛虫黑点瘤姬蜂、赤腹深沟茧蜂、桉树枝瘿姬小蜂、绿青蜂、红火蚁、黄腰胡蜂、中华蜜蜂、红足沙泥蜂。

（二）实验工具

双目体视镜、放大镜、解剖针、镊子、培养皿、泡沫板等。

三、实验内容

取膜翅目各科昆虫的标本，采用目视法直接观察其主要外部形态特征。当目视法无法观察到细微的特征时，可将其置于培养皿或泡沫板上，用手持放大镜观察，或在双目体视镜下观察。

1.叶蜂科 Tenthredinidae

体中型。头横宽；触角丝状。无腰状部，脉序原始；前胸背板后缘向前凹入，前翅A脉3条，前足胫节有2个端距，跗节5节；后胸背板后侧有一淡膜区，后翅A脉1条；后翅5～7个闭室。产卵器锯状。以红胸樟叶蜂为代表种，观察以上特征。

2.小蜂科 Chalcididae

体小型，多为黑色或褐色，无金属光泽；头、胸常具粗刻点。触角膝状。胸部膨大，盾纵沟明显；翅脉简单，无翅痣；后足腿节膨大，腹缘具刺或齿突；胫节向内弯曲，具2枚端距；跗节5节。产卵器不外露。以广大腿小蜂为代表种，观察以上特征。

3.金小蜂科 Pteromalidae

体小型，常具绿色或蓝色金属光泽，头胸部、并胸腹节密布细刻点。触角8～13节。前胸一般横门形，常与中胸同宽，前胸背板突不伸达翅基，盾侧沟仅于前面部分明显；

前翅后缘脉和痣脉发达；后足胫节端距1枚，跗节5节。产卵器不外露或略露出。以蝇蛹金小蜂为代表种，观察以上特征。

4.赤眼蜂科 Trichogrammatidae

体微型，黄色至暗褐色。触角5～9节，柄节较长，与梗节成肘状弯曲，雄虫具长毛轮，雌虫具短毛轮。前胸背板短，前胸背板突不伸达翅基片；翅有长缘毛，翅面微毛成行排列，前翅无痣后脉；跗节3节。腹部无柄，产卵器隐藏或外露。以松毛虫赤眼蜂为代表种，观察以上特征。

5.姬蜂科 Ichneumonidae

体小至大型。触角细长，丝状。前胸背板伸达翅基片；前翅有明显的翅痣和翅室；回脉2条，第一肘室与第一盘室未被间脉分开，在翅痣下方形成一个肘盘室，一般有微翅室（镜室）；后足转节2节；有的种类无第二回脉。腹部长于其余部分之和；腹部腹片膜质，有一纵折，雌虫产卵器外露，在腹末端前伸出。以松毛虫黑点瘤姬蜂为代表种，观察以上特征。

6.茧蜂科 Braconidae

体小至中型。触角丝状，细长。前翅有明显翅痣和翅室，回脉1条，翅痣下方的第一肘室和第一盘室被间脉分开；一般无翅室；若第一肘室和第一盘室未被间脉分开，则腹部背面不分节，成盾甲状。以赤腹深沟茧蜂为代表种，观察以上特征。

7.姬小蜂科 Eulophidae

体微至小型，体壁柔软，黄至褐色，或具暗色斑，体常有金属光泽。触角7～10节，索节至多4节，雄虫线状、栉状或双栉状。前胸背板突不伸达翅基；中胸盾纵沟显著，前翅缘脉长，后缘脉和痣脉短；跗节4节。腹部腹柄明显。以桉树枝瘿姬小蜂为代表种，观察以上特征。

8.青蜂科 Chrysididae

体小至中型，体壁高度骨化，常有粗刻点，具青、蓝、紫或红色金属光泽；头与胸等宽。触角丝状，12～13节。前胸背板突接近翅基片；前翅翅脉稍退化；后翅小，有轭叶，无闭室。并胸腹节侧缘常有锐利的隆脊或刺，腹部可见2～5节。以绿青蜂为代表种，观察以上特征。

9.蚁科 Formicidae

体小至中型。触角膝状。腹部第一或第一、第二节成结节状。以红火蚁为代表种，观察以上特征。

10.胡蜂科 Vespidae

体中型，黑色或黄色，腹背常具横纹。上颚短，闭合时不交叉；复眼内缘中部凹入。前胸背板突伸达翅基；后翅除马蜂外均无臀叶；停息时翅纵褶；中足胫节具2端距，爪不分叉。以黄腰胡蜂为代表种，观察以上特征。

11.蜜蜂科 Apidae

体小至大型，密被长毛。前胸背板不达肩板，颊宽大；复眼远离上颚基部。后足第一跗节扁平成花粉刷；前翅狭，有3个亚缘室，前缘室极长，长约为宽的4倍。以中华蜜蜂为代表种，观察以上特征。

12.泥蜂科 Sphecidae

体小至中型，体无毛或少毛，毛不分枝。触角雌虫12节，雄虫13节。前胸背板后缘直，背板突不伸达翅基；后翅常具轭叶；足细长，前足适于开掘，中足胫节1～2个端距。腹部具柄或无柄。以红足沙泥蜂为代表种，观察以上特征。

四、作业

1.比较叶蜂、姬蜂、胡蜂、泥蜂、蜜蜂、蚂蚁成虫主要外部形态的区别。
2.编制小蜂科、金小蜂科、赤眼蜂科、茧蜂科、姬小蜂科、青蜂科检索表。

实验十一 | *Experiment 11*

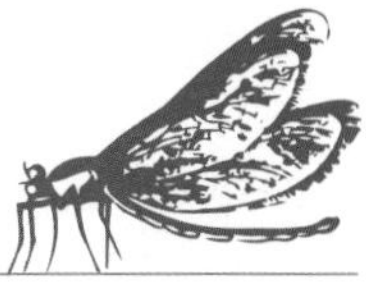

森林主要食叶害虫的识别

一、实验目的

1.通过观察松树、杉木、桉树、八角、板栗、油茶、红树林植物、棕榈科植物、榕树、竹类等植物上的主要食叶害虫各虫态的标本，掌握其主要识别特征。

2.通过观看彩印照片、挂图和数码高清照片等，观察主要食叶害虫的为害状，掌握主要食叶害虫的为害特征。

二、实验材料和工具

（一）实验材料

①枯叶蛾类：马尾松毛虫、栗黄枯叶蛾。

②毒蛾类：松茸毒蛾、双线盗毒蛾。

③尺蛾类：油桐尺蛾、八角尺蛾。

④舟蛾类：竹篦舟蛾、竹缕舟蛾。

⑤刺蛾类：黄刺蛾、窃达刺蛾。

⑥夜蛾类：焦艺夜蛾、同安钮夜蛾、灰卷裙夜蛾。

⑦袋蛾类：螺纹袋蛾、桉袋蛾。

⑧斑蛾类：竹小斑蛾、茶斑蛾。

⑨毛斑蛾类：朱红毛斑蛾。

⑩螟蛾类：广州小斑螟、缀叶丛螟。

⑪象甲类：广西灰象。

⑫叶甲类：椰心叶甲、八角叶甲。

⑬叶蜂类：广西新松叶蜂、红胸樟叶蜂。

⑭蝗虫类：黄脊雷蓖蝗、棉蝗。

（二）实验工具

双目体视镜、放大镜、镊子、解剖针、培养皿、泡沫板等。

三、实验内容

分别取观察对象的各虫态标本，依次识别其主要鉴别特征，成虫、卵、幼虫和蛹采用目视法直接观察，当目视法无法观察到细微的特征时，可将其置于培养皿或泡沫板上，用手持放大镜观察，或在双目体视镜下观察；观察其为害状标本或图片，识别其为害特征。

（一）枯叶蛾类

1.马尾松毛虫*Dendrolimus punctata punctata*（Walker）

成虫：体色变异大，黄褐色至深灰色；复眼黄绿色，下唇须较长。雌雄异型。雌虫体长18 ～ 29mm；翅展42 ～ 57mm。体色略深，触角栉齿状，前翅较宽，外缘呈弓形，有浅色条纹，后翅较窄，三角形，无斑纹（图11-1A）。雄虫体长20 ～ 29mm，翅展18 ～ 29mm，触角双栉齿状。体由褐色至黑褐色，亚外缘黑斑列内侧呈褐色。

卵：椭球形，表明光滑，颜色变化大，有淡绿色、粉红色、淡紫色和淡黄色，孵化时变成褐色（图11-1A）。

幼虫：头部黄褐色，额区与傍额区暗褐色，傍额区边缘不整齐。中、后胸节背面的毒毛带明显。腹部各节前亚背毛簇中有窄而扁平的片状毛，身体两侧生有许多白色长毛。每侧由头至尾有1条纵带。中胸至腹部第八节气孔后上方纵带上各有一白色斑点。各节前方由纵带向下有一斜斑伸向腹面（图11-1B）。

蛹：体纺锤形，深褐色，表面密布黄色绒毛。臀棘细长，其末端稍卷曲至卷成圆圈状（图11-1C）。

图11-1 马尾松毛虫（杨忠武供图）
A.雌虫和卵 B.幼虫 C.蛹

为害特征：幼虫取食为害松树针叶。1龄幼虫取食松针针叶的一侧，使其变成缺刻，针叶出现枯黄卷曲；2龄幼虫可咬断针叶，吐丝并借助风力转移为害；3龄后能取食整个针叶。龄期越高，食量越大，虫口密度高时可将整株针叶食光，远观似火烧状。

2.栗黄枯叶蛾*Trabala vishnou* subsp. *vishnou*（Lefebvre）

成虫：雌虫49 ~ 57mm，雌虫体黄绿色或橙黄色。前翅横线和斑点以及后翅两条横线均为黄褐色，腹部肛毛丛黄褐色。雄虫40 ~ 57mm，体绿色或黄绿色，前翅深绿褐色的内横线、中横线明显，内侧嵌白色条纹；亚外缘斑纹绿褐色，不明显；中室处有一褐色小斑，腹部较细，末端具绿白色毛（图11-2A）。

卵：直径1.6 ~ 1.7mm。铅灰色，圆形，多呈双行排列，被橙黄色绒毛。

幼虫：体长62 ~ 100mm。头壳紫红色具黄色纹。额部2条纹粗长，纵向平行。前胸两侧各具1束黑色长毛，体被浓密绒毛。背纵带黄白相间。腹部1 ~ 2节间和7 ~ 8节间的背部各具白色长毛。体侧各节间具蓝斑点，其边缘黑色。腹足红色。化蛹前幼虫刚毛变为粉红至黄褐色（图11-2B）。

蛹：雄蛹长19 ~ 22mm，雌蛹长27 ~ 30mm，长椭圆形，背面红褐色，腹面橙黄色，气孔黑色。胸背部后端具2束黑毛。

茧：马鞍形，黄褐色（图11-2C）。

为害特征：幼虫取食桉树、秋枫、无瓣海桑等寄主植物叶片，低龄幼虫常群集于叶背取食叶肉，残留叶表皮，4龄后幼虫食量大增，常将叶片食光，仅留叶柄。

图11-2 栗黄枯叶蛾
A.成虫（杨忠武供图） B.幼虫 C.茧

（二）毒蛾类

1.松茸毒蛾*Dasychira axutha* Collenette

成虫：雄虫体长13 ～ 18mm，翅展35 ～ 40mm；前翅灰褐色，散布波状黑纹，翅基和亚端线银白色；后翅灰褐色。雌虫体长18 ～ 25mm，翅展50 ～ 59mm；前翅灰白色，具不明显的褐色波状纹，亚外缘线斜伸，齿状纹明显，中横线和外横线呈波状纹，平行；后翅灰白色（图11-3A）。

卵：灰棕色或灰黑色，圆馒头状，长约1mm，中间凹陷且有1个黑点（图11-3B）。

幼虫：高龄幼虫体长35 ～ 45mm；头红褐色，体棕黄色和黑色相间；胸、腹部各节毛瘤密生棕黑色毛，前胸背板两侧及第八腹节背中央各有1束长黑毛分别伸向头端或腹端；第一～四腹节的背毛簇呈毛刷状；翻缩腺位于第七节背中央（图11-3C）。

蛹：长14 ～ 28mm，暗红褐色，体表散生黄毛（图11-3D）。

为害特征：幼虫取食松树针叶，多在针叶中部咬食并留3cm左右的针叶基部，造成林地大面积断叶，严重影响林木生长，甚至造成松树枯死。

图11-3　松茸毒蛾
A.成虫（雄）　B.卵　C.幼虫　D.蛹（杨忠武供图）

2.双线盗毒蛾*Somena scintillans* Walker

成虫：雌、雄成虫体长分别为9 ～ 12mm和8 ～ 11mm，翅展分别为25 ～ 37mm和20 ～ 27mm。体橙黄色或浅黄棕色；头部和颈板橙黄色；胸部浅黄棕色；腹部黄褐色，肛毛簇橙黄色，雌虫腹部长椭圆形，雄虫腹末尖。触角干黄白色至浅黄色，栉齿黄褐色；前翅赤褐色；内、外线黄色，略呈弧形，部分个体内、外线不清晰；前缘、外缘和缘毛柠檬黄色，并被赤褐色斑纹分隔成3段；后翅浅黄色（图11-4A）。

卵：扁圆球形，黄色，卵块上覆有黄褐色绒毛（图11-4B）。

幼虫：高龄幼虫体长约25mm；头部浅褐色，胸腹部暗棕色；背线大部黄色，其中央贯穿红色纵线；前胸侧瘤红色，后胸背板中部红色；第一、第二、第八腹节的背面有黑色绒球状短毛簇，其余毛瘤浅褐色（图11-4C）。

蛹：长11 ~ 13mm，圆锥形，黄褐色（图11-4D）。

为害特征：幼虫取食桉树等寄主植物叶片，造成叶片缺刻或仅剩叶脉，影响寄主植物的生长发育。

图11-4 双线盗毒蛾
A.成虫（雌） B.卵 C.幼虫 D.蛹

（三）尺蛾类

1.油桐尺蛾*Buzura suppressaria* Guenée

成虫：雌虫体长 22 ~ 25mm，体灰白色，触角丝状；胸部密被灰色细毛；前翅外缘为波状缺刻，缘毛黄色，有黄褐色波状纹；翅正面灰白色至黑褐色；反面灰白色，中央有一黑褐色斑点，后翅与前翅相似；产卵器黑褐色。雄虫体长19 ~ 21mm，触角双栉状（图11-5A）。

卵：长0.7 ~ 0.8mm，椭圆形，青绿色，近孵化时黑色，其上覆有较短的黄褐色绒毛（图11-5B）。

幼虫：初孵幼虫长2 ~ 4mm，灰褐色，背线、气门线白色；末龄幼虫体长

65 ~ 70mm；体色有深褐、灰绿和青绿色，头密布棕色颗粒状小点，头顶具弧形凹陷，红褐色；前胸背板有2个颗粒状突起，第八腹节背面有黑褐色小颗粒，气门紫红色（图11-5C）。

蛹：长22 ~ 27mm，圆锥形，初期黄绿色，后期棕褐色；头顶有1对黑色小突起，翅芽达第四腹节后缘；第十腹节背面有齿状突起，臀棘明显，基部膨大，端部针状（图11-5D）。

为害特征：初孵幼虫取食桉树等寄主植物幼芽及花蕾，高龄幼虫取食叶片。被害叶轻者残缺不全，重者整枝叶片全被食光。幼虫可吐丝借风力转株为害。

图11-5　油桐尺蛾
A.成虫（雌）　B.卵　C.幼虫　D.蛹

2.八角尺蛾*Dilophodes elegans sinica* Prout

成虫：翅展47 ~ 48mm。雄虫触角线形，具纤毛簇；足基节和腹部腹面有毛丛。雌虫触角线形。下唇须短，仅尖端伸达额外，黑褐色。额灰白色，头顶浅黄色。胸腹部背面浅黄至灰白色，具黑褐色斑。前翅前缘深灰褐色；基半部排列不规则斑块，中点大而圆。后翅基半部散布数块大小不等的斑块，中点较小。两翅端部整齐排有2列巨大长方形斑块，但有时斑块有不同程度缩小。翅反面颜色和斑纹同正面（图11-6A）。

卵：浅白色或淡黄色，近圆形，有光泽（图11-6B）。

幼虫：低龄幼虫体黄绿色或青绿色，高龄幼虫体黄绿色。幼虫头部亮黄色，胸部腹各节背中线、亚背线、气门上线、气门线、腹线散生黑色斑点，排列成行，各斑点上有1根至数根刚毛。腹部1 ~ 4节背中线上节间处的黑斑呈“+”字形，而5 ~ 7 腹节背中线各有1个黑色长形斑，斑点由前向后逐渐缩小（图11-6C）。

蛹：暗红褐色，接近羽化时透过蛹壳，清晰可见翅上黑色的斑点，末端有1根分开的臀棘（图11-6D）。

为害特征：幼虫取食八角叶片，大发生时叶片可被食光，还啃食嫩枝、花蕾和幼果，造成八角减产，连续为害可造成植株枯死。

图11-6 八角尺蛾

A.成虫（雌） B.卵 C.幼虫 D.蛹

（四）舟蛾类

1.竹篦舟蛾*Besaia goddrica*（Schaus）

成虫：体长19 ~ 23mm，翅展43 ~ 55mm；体黄色至灰褐色，头前毛簇、基毛簇较长。雌虫前翅为黄白色至灰黄色，从顶角到外横线下有1条灰色斜纹，斜纹下臀角区为灰褐色；雄虫前翅为灰黄色，前缘黄白色，中央有1条暗色纵纹，下衬有浅黄白色边。外缘线脉间有5 ~ 6个小黑点。后翅灰褐色（图11-7A）。

卵：呈圆球形，长径1.4mm，为乳白色，平滑、无斑纹。

幼虫：初孵幼虫淡黄绿色；高龄幼虫翠绿色，体长约58mm；体被白粉，背线、亚背线、气门上线均为粉青色，镶于翠绿色体上，十分明显；气门线深棕黄色（图11-7B）。

蛹：长约23mm，为红褐色至黑褐色，臀棘8根，排成2列，分别为6根和2根。

为害特征：幼虫取食竹叶，形成缺刻和孔洞，为害严重时，可造成次年新竹大幅减产。

图11-7 竹篦舟蛾
A.成虫（雌） B.幼虫

2.竹缕舟蛾*Loudonta dispar*（Kiriakoff）

成虫：体长15 ~ 22mm，雌虫头和身体淡黄略带灰色，触角丝状，黄白色，前翅黄白色，有淡红褐色点，亚外缘线处有5 ~ 6个不太明显的黑点，翅中有1个明显的黑点，脉端缘毛褐色；后翅淡黄或白色；前足被锈黄色长绒毛，中、后足被白色短绒毛（图11-8A）。雄虫体黄褐色，复眼黑色，触角羽状，灰黄色；前翅锈黄色，缘毛密厚，灰黑色，翅中有1个黑点，后翅黑褐色，缘毛带橙色（图11-8B）。

卵：扁圆球形，长径1.2 ~ 1.3mm，初产时淡红色，散产或聚产（图11-8C）。

幼虫：初孵幼虫体紫红色，头黑色，背线紫褐色；中胸、后胸、第三腹节的气门上线处各有紫褐色斑1块；2龄后幼虫体土黄色，亚背线黄色。高龄幼虫体长48 ~ 57mm，长圆柱形，头、尾细，中间稍粗，全身光滑绿色，头红褐色。前胸背面前缘有1个黑色绒斑；背线灰黑色；气门线黄白色（图11-8D）。

蛹：长18 ~ 25mm，红褐色，臀棘8根（图11-8E）。

为害特征：幼虫取食竹叶，影响出笋和竹材质量，严重时将整株竹子的叶片食光，连续多次为害，可造成植株枯死。

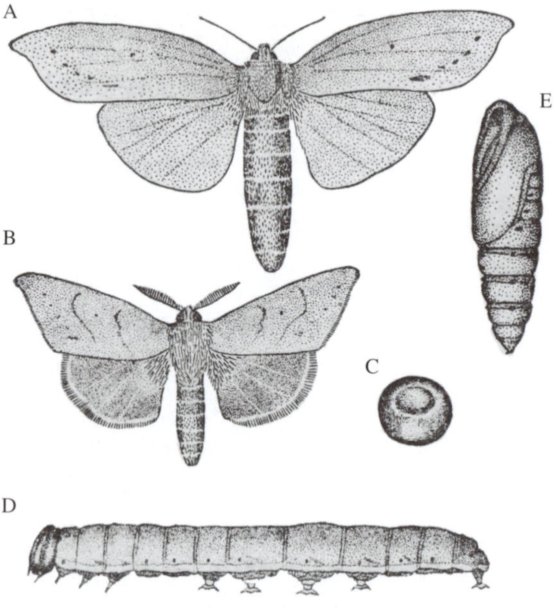

图11-8 竹缕舟蛾（仿徐天森）
A.雌虫 B.雄虫 C.卵 D.幼虫 E.蛹

（五）刺蛾类

1.黄刺蛾*Cnidocampa flavescens*（Walker）

成虫：体长13 ~ 16mm，翅展30 ~ 34mm；头和胸部黄色，腹背黄褐色，前翅内半部黄色，外半部褐色，有2条暗褐色斜线在翅尖上汇合于一点呈倒“V”字形，里面的1条伸至中室下角，接近黄色与褐色的分界线，后翅灰黄色（图11-9A）。

卵：扁椭圆形，一端略尖，长约1.4mm。

幼虫：高龄幼虫体长16 ~ 25mm；头小，黄褐色，隐于前胸下；胸腹部肥大，黄绿色，背面有1个两端较宽中部窄的哑铃形紫色大斑；体侧中部有2条蓝色纵纹，气门上线淡青色，气门下线淡黄色。各体节有2对枝刺，以胸部背面和臀节的2个枝刺最长，刺突上着生黄绿色毛。臀板上有2个黑点，胸足极小，腹足退化，第一～七腹节腹面中部各有一扁圆形“吸盘”（图11-9B）。

蛹：长11 ~ 13mm，椭圆形，淡黄色或黄褐色，头部及复眼暗褐色（图11-9C）。

茧：椭圆形，似鸟蛋，石灰质，表面光滑，长约12mm，灰白色，上有数条褐色条纹（图11-9D）。

为害特征：幼虫为害桉树、核桃和油桐等寄主植物的叶片，严重时能吃光整棵树的叶片。其毒毛可以随风扩散，触刺人、畜皮肤后易发生红肿，痛辣异常甚至引起过敏反应。

图11-9　黄刺蛾（奚福生供图）
A.成虫　B.幼虫　C.蛹　D.茧

2.窃达刺蛾*Darna trima*（Moore）

成虫：体长7 ~ 10mm，翅展16 ~ 22mm；体灰棕褐色，被细长毛；头部灰色，触角羽状，胸部背板有数束灰黑色长毛，腹部有细长毛；前翅灰褐色，基线、内线、中线、外线及亚外缘线深棕褐色；顶角处有一灰黄色圆斑；后翅暗灰褐色，端线双线，褐色（图11-10A）。

卵：椭圆形，初产时浅黄色，孵化时棕黄色。

幼虫：高龄幼虫体长15 ~ 18mm；体扁平，胸部渐宽，腹部渐向腹末变窄；头小，黑褐色，隐于前胸背板下；体背黄褐色，亚背线上的第四～九个刺突，每个刺突的前后各有2个黑色斑点；背上刺突着生黄色刺毛，体侧第一、第二个刺突为黄色，第三、第八个刺突为黑色，其余白色（图11-10B）。

蛹：扁椭圆形，体长约7mm，初期黄绿色、羽化前黄褐色。

为害特征：幼虫取食桉树、樟树和米老排等寄主植物的叶片，多将叶片咬成缺刻状，大发生时可将整株叶片吃光，影响林木的正常生长发育。

图11-10　窃达刺蛾
A.成虫（Kang A供图） B.幼虫

（六）夜蛾类

1.焦艺夜蛾*Hyssia adusta* Draudt

成虫：体长15～17mm，翅展36～42mm；头部黑灰色，胸部暗褐色，中胸杂有银灰色；前翅暗棕色，间有灰色斑，缘毛棕色，内横线黑色，外横线黑色，锯齿状向外弯；外缘线由8～9个近三角形黑斑组成；环状纹大，斜椭圆形，灰白色，有不完整的黑边；肾状纹棕黄色，内侧黑色；后翅黄白色，端区灰黑色，翅脉端部褐色，缘毛灰白色；前、后翅反面在中室端部均有一黑斑；雄虫腹末有长而密的黄褐色绒毛，雌虫腹部的绒毛则短而少（图11-11A）。

卵：半球形，初产米黄色，后逐渐变为褐色，纵棱29～32条，纵棱间有横道构成横长方格，卵孔不明显（图11-11B）。

幼虫：体长20～28mm，头宽2.9～3.4mm；体色有青绿色和红褐色两种色型；头部黄棕色，额区红褐色；背线、亚背线、气门线均为白色，气门上线为土黄色；气门椭圆形；体腹面灰黄色，腹足草绿色；腹足趾钩单序中带草绿色（图11-11C）。

蛹：长12～18mm，棕褐色，腹部末端有两个乳头状突起，突起两侧各有1个小突起，腹部具臀棘6枚（图11-11D）。

为害特征：幼虫多取食松树当年春天新抽出的松梢针叶，1～3龄幼虫取食针叶边缘，4龄后取食整个针叶，严重时可将整片松林针叶食光。

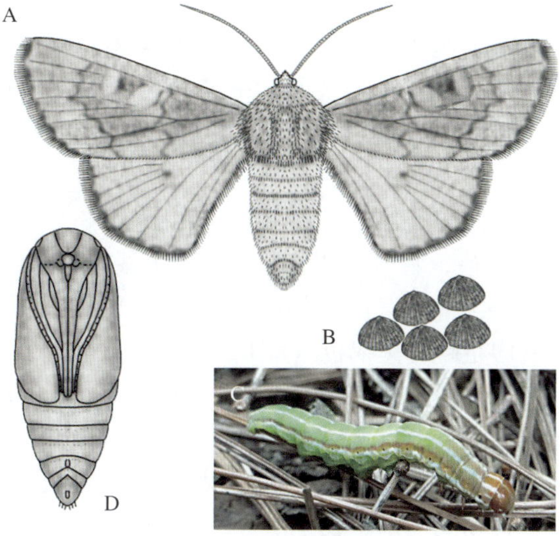

图11-11 焦艺夜蛾
A.成虫（雌，仿李孟楼） B.卵（仿李孟楼） C.幼虫 D.蛹（仿李孟楼）

2.同安钮夜蛾 *Ophiusa disjungens*（Walker）

成虫：成虫体长28 ~ 39mm，翅展60 ~ 74mm；头和胸部浅黄色；前翅浅黄色，近外缘橙褐色；中室前后端各有1枚斑点，下方端部的斑点弯月形；近顶角有一暗褐色的斜斑二分顶角；亚端线暗褐色，呈不规则锯齿状；外缘有1列黑点。后翅黄色，端区有一黑色宽条带。胫节和跗节外侧灰褐色（图11-12A）。

卵：馒头状或半球形，直径1.0 ~ 1.3mm，有纵脊23 ~ 25条，初产时为绿色或墨绿色，孵化前变成褐色。

幼虫：幼虫共6 ~ 7龄，茶褐色或灰色，布满不规则暗褐色条纹，头顶具有2个白色或浅黄色的方形斑，背线、气门线呈浅红黄色，亚背线呈紫褐色，左、右胸足之间呈红色，1 ~ 8腹节每节有4个毛片，腹面灰白色（图11-12B）。

蛹：纺锤形，臀棘8条，中间2条长，两侧各3条较短，呈三角形排列。

为害特征：幼虫为害桉树等寄主植物的叶片，初孵幼虫喜食嫩叶，成网状，仅留叶脉；3龄后，幼虫开始啃食全叶，仅剩叶片主脉或叶柄。

图11-12 同安钮夜蛾
A.成虫 B.幼虫

3.灰卷裙夜蛾*Plecoptera subpallida*（Walker）

成虫：体长13 ~ 14mm；触角双栉齿状，雌虫触角栉齿明显短于雄虫；雄虫前翅褐色，内、外横线深黄褐色，内、外横线间的中带深褐色；后翅深褐色，端半部颜色较深，具一模糊的外横线。雌虫颜色明显浅于雄虫，前翅肾形纹黑褐色；足密被黄色长鳞毛（图11-13A）。

卵：圆形，直径0.5mm，初产为白色，孵化前黑褐色。

幼虫：高龄幼虫体浅绿色，背线、亚背线、气门上线和气门线均为白色；腹节背线和亚背线间有2个白色小点，臀节背面倾斜伸至臀足；第四腹足明显比第五、第六节的腹足细小，第四~六节的腹足趾钩黑褐色（图11-13B）。

蛹：体长13.0 ~ 13.5mm，黑褐色，纺锤形，被白色薄丝茧（图11-13C）。

为害特征：幼虫取食降香黄檀等寄主植物的叶片，局部地段受害株的叶片被全部食光。当植株新叶嫩芽重新萌发时，下一代幼虫继续为害，再次食光叶片，导致单株或簇状的枝条枯萎，影响寄主植物的正常生长。

图11-13　灰卷裙夜蛾（杨秀好供图）
A.成虫（雄）　B.幼虫　C.蛹和茧

（七）袋蛾类

1.螺纹袋蛾*Clania crameri* Westwood

成虫：雌雄异型。雌虫无翅，体长8 ~ 11mm，体乳黄色；头小，褐色；触角、口器和足退化；蛆形。雄虫体长9 ~ 10mm，翅展16 ~ 20mm，体棕色，胸部被少量黑色长毛，足黄色。

幼虫：高龄幼虫体长6 ~ 8mm，头暗褐色，体黑褐色，胸部背面骨化强，具棕色斑纹，腹部各节有横皱和黑点（图11-14A）。

护囊：长30 ~ 40mm，略呈圆锥形，护囊丝织外层用丝缀合长短粗细相近的小枯枝梗织成，呈螺旋状排列4 ~ 5圈（图11-14B）。

为害特征：幼虫取食桉树、板栗和木麻黄等寄主植

图11-14　螺纹袋蛾
A.幼虫　B.囊袋

物的叶片，形成缺刻或孔洞，影响植株的生长发育。

2.桉袋蛾*Acanthopsyche subferalbata* Hampson

成虫：雌雄异型。雄虫体长4 ~ 5mm，翅展12 ~ 14mm，体黑色，翅面褐色无斑纹（图11-15A）。雌虫体长5 ~ 8mm，蛆状，无翅、无足，黑褐色，头小，胸部略弯（图11-15B）。

卵：圆形，初产时白色，孵化时棕褐色。

幼虫：高龄幼虫体长6 ~ 9mm，头部淡黄色，散布深褐色斑点；各胸节背板有深褐色斑4个，有时前后相连成4条纵带，腹部乳白色（图11-15C）。

护囊：雌虫护囊长15 ~ 20mm，雄虫护囊长8 ~ 16mm，灰褐色，外表黏附叶屑或碎片。护囊上端有1条长丝，将护囊挂在枝叶上（图11-15D）。

为害特征：幼虫取食桉树叶片，将叶片咬成网孔状，严重时造成桉树叶片枯萎和落叶，影响桉树的生长发育。

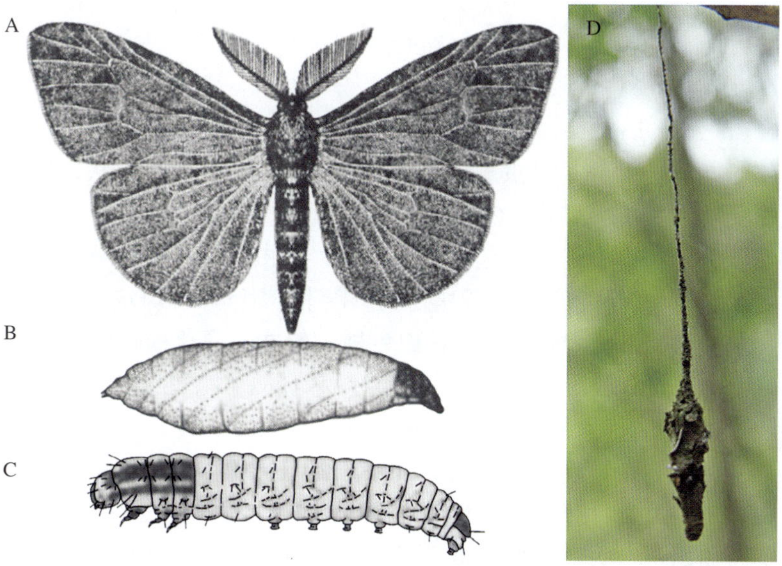

图11-15 桉袋蛾
A.雄虫（仿李孟楼） B.雌虫（仿李孟楼） C.幼虫（仿李孟楼） D.囊袋

（八）斑蛾类

1.竹小斑蛾*Artona funeralis*（Butler）

成虫：体长9 ~ 11mm，翅展22 ~ 25mm；体黑褐色，有光泽；雌虫触角丝状，雄虫触角栉齿状；触角、翅和足黑褐色具青蓝色光泽，前、后翅均无斑纹，后翅中部和基半部半透明；翅缘毛黑褐色（图11-16A）。

卵：椭圆形，初产乳白色，长约0.7mm，宽约0.5mm，有光泽，孵化时呈灰褐色。

幼虫：体橘黄色，中后胸及腹部各体节背面具横向排列的4个毛瘤，毛瘤具白色刚毛；4龄后，中胸及腹部第九节毛瘤上刚毛逐步变为黑色（图11-16B）。

蛹：被蛹，长椭圆形，长8 ~ 10mm。初期鲜黄色，后转黄褐色至灰黑色。腹部各节前半段被有黄色刺状突起，尤以3 ~ 7节上的突起最为明显。腹末节被刚毛10余根。

为害特征：幼虫取食毛竹、刚竹等竹类植物的叶片，严重时可将整株叶片食光，影响植株生长发育，多年连续为害，可造成植株枯死。

图11-16　竹小斑蛾
A.成虫（雄）　B.幼虫

2.茶斑蛾*Eterusia aedea* L.

成虫：体长17 ~ 20mm，雄虫触角双栉齿状，雌虫触角基部丝状，其余栉齿状且端部膨大。头、胸和腹部1 ~ 2节黑色具淡蓝色光泽，腹部其余体节黄色。前翅黑色，雌虫前翅基部有一大一小两个连在一起的白色斑块，雄虫的两个白色斑块极小；前翅中室仅翅基一侧自前缘至后缘有5个白色斑块连成一横带，中间3个斑块较大，两端的斑块较小；中室外侧散生9个斑块。后翅中室黄白色横带较宽，白色横带外侧由黑色和淡蓝色相间组成，且其内着生有若干大小不一的白斑，后翅翅基为黑色（图11-17A）。

卵：椭圆形，初产黄色，近孵化时呈灰褐色。

幼虫：体黄褐色，中、后胸背面各具瘤突4对，瘤突具刚毛，除气门下线的瘤突为橘红色且其上的刚毛为白色外，其余的瘤突和其上刚毛均为黑色。初期幼虫背中线黑色，后期幼虫腹部背面出现一明显且较粗的"Y"字形黑色纹，近化蛹时，腹部最后4个体节气门线处呈亮黄色，其余赭红色（图11-17B）。

蛹：被蛹，黄褐色，长椭圆形。腹部每体节前缘处有一排钩状刺列，后段刺列的刺较小且无倒钩。

图11-17　茶斑蛾
A.成虫（雄）　B.预蛹期幼虫

为害特征：幼虫取食山茶等寄主植物叶片，低龄幼虫取食叶片呈天窗状，高龄幼虫取食后形成缺口、孔洞，甚至仅剩叶脉。

（九）毛斑蛾类

朱红毛斑蛾 *Phauda flammans*（Walker）

成虫：体长10 ～ 15mm，雌虫触角双栉齿状，黑色，鞭节灰白色，前、后翅红色，前翅臀区有一黑色椭圆形斑；胸部背面及腹部两侧被有深红色体毛，胸腹部腹面体毛黑色；足转节和腿节内侧被有灰白绒毛。雄虫触角双栉齿状，鞭节黑色；胸腹部腹面体毛灰白毛。腹末着生1对黑色毛须（图11-18A）。

卵：黄色，卵粒聚集呈不规则连续线状或若干粒聚产呈鱼鳞状（图11-18B）。

幼虫：共6个龄期。高龄幼虫体长19 ～ 27mm；前胸背板呈长方形，黄褐色，具黑色斑点；中胸似盾状，明显宽于其他体节；腹部背面红棕色（图11-18C）。

蛹：纺锤形，长10 ～ 12mm，宽2.8 ～ 4.8mm，初期背部黑色，其余黄色，后期渐变红色（图11-18D）。

茧：长椭圆形，外观似船状，长15 ～ 19mm，宽6 ～ 9mm，土黄色，尾端有羽化孔（图11-18E）。

为害特征：幼虫为害榕属植物，轻者造成植株顶端嫩叶被食光，严重时可造成整株或整行榕树叶片被食光（图11-18F），影响植株的生长发育及其生态效益。

图11-18 朱红毛斑蛾
A.成虫（雄） B.卵 C.幼虫 D.蛹 E.茧 F.榕树受害状

（十）螟蛾类

1.广州小斑螟 *Oligochroa cantonella* Caradja

成虫：体长约10mm，翅展约19mm。体灰褐色，腹部腹面浅灰色。触角长，丝状，浅褐色，雄虫触角基部膨大。前胸背面黄褐色至黑褐色。前翅灰褐色，宽大的中横线白色，不规则，将前翅一分为二，靠翅基部分灰白色或灰黄色，靠翅端部分灰黄色至褐黄色。中横线外侧的亚前缘脉端脚处有黑色鳞片形成不规则黑斑，在亚外缘线上有黑色鳞片形成6个近似塔形小黑斑，排成一列，缘毛长，淡黄色；后翅三角形，浅灰色，缘毛长，淡黄色；足灰褐色，腿节、胫节和各跗节端部颜色比较浅，灰黄色（图11-19A）。

卵：椭圆形，长0.8mm，宽0.5mm，淡黄色至淡红色。

幼虫：初孵幼虫淡红色，后渐变为浅绿色或深绿色，成熟幼虫体长12 ~ 14mm，雄幼虫颜色较深，在第五腹节背面有1对浅色气泡突，雌幼虫颜色偏浅且没有气泡突（图11-19B）。

蛹：长约9.8mm，长梭形。化蛹初期为黄绿色，背脊渐变为灰褐色；头顶圆滑、各腹节光滑、腹末节浅褐色，板状，8根等长臀刺呈半圆形排列（图11-19C）。

为害特征：低龄幼虫取食海榄雌（俗称白骨壤）的嫩芽且藏匿其中，高龄幼虫多在叶背吐丝结网取食叶肉，导致叶片仅剩一层膜状上表皮（图11-19D）。

图11-19　广州小斑螟

A.成虫（雄）　B.幼虫　C.蛹　D.白骨壤受害状

2.缀叶丛螟*Locastra muscosalis* Walker

成虫：体长15～21mm，展翅长33～52mm，黄褐色。前翅有明显的略弯曲的内、外横线，前缘外横线内淡墨绿色，内、外横线间棕色；翅中部略向外凸起；内横线两侧近前缘处各有1个黑色丛鳞，外侧小，内侧大。后翅灰褐色，中部有一半月形线纹（图11-20A）。

卵：球形，排列成鱼鳞状和胶状分泌物粘在一起，初产时黄白色，近孵化时紫褐色。

幼虫：体长19～31mm，头部黑色具光泽，前缘具6个半圆形白斑。胸腹部背中线杏黄色，较宽，背中线两侧具较宽的黑色条纹（图11-20B）。

蛹：长约15mm，暗褐色，扁圆形，质地似牛皮纸。

为害特征：幼虫取食核桃、枫香、漆树等寄主植物叶片，喜在枝梢上群居吐丝结网，缀叶成巢，常将被害植株叶片食光，造成树势衰弱。

图11-20 缀叶丛螟
A.成虫 B.幼虫

（十一）象甲类

广西灰象*Sympiezomias guangxiensis* Chao

成虫：雄虫体长7～9mm，体宽3～4mm；雌虫体长8～10mm，体宽3～4mm。体背颜色较淡，白色或淡黄色，具铜色或淡绿色金属光泽；喙长大于宽，背面有深而宽的中沟，长达头顶、向上逐渐缩窄；鞘翅无肩胝，基部有龙骨状边，中带明显，行纹细，刻点小，行间扁平，一样高（图11-21）。

卵：长椭圆形，初产时为乳白色，两端半透明，孵化时乳黄色。

幼虫：初孵幼虫乳白色，体长1～2mm；高龄幼虫浅黄色，体长13～14mm，头黄褐色。

蛹：长9～10mm，长椭圆形；体乳黄色，复眼黄褐色。上颚端部达前足跗节基部。触角斜伸于前足腿节基部。尾端向腹面弯曲，其末端两侧各生一刺。

为害特征：主要取食油茶当年生嫩叶，多聚集取食。

图11-21　广西灰象

（十二）叶甲类

1.椰心叶甲 *Brontispa longissima*（Gestro）

成虫：体扁平狭长，体长8 ~ 10mm，雌虫略大于雄虫。头部黑色，前胸背板黄褐色；鞘翅黑色，有些个体鞘翅基部1/4黄褐色，后部黑色；触角粗线状，1 ~ 6节黑色，7 ~ 11节暗红色；鞘翅中前部具8列刻点，中后部10列，刻点整齐；足粗短，黄褐色；腹面几近光滑，刻点细小（图11-22A）。

卵：褐色，长筒形，两端宽圆，卵壳表面有细网纹。

幼虫：白色至乳白色，前胸和各腹节两侧有1对侧突，腹末端具1对钳状尾突（图11-22B）。

蛹：体浅黄至深黄色，长约10mm，头部具1个突起，腹部第二～七节背面具8个小刺突，分别排成两横列，第八腹节刺突仅有2个，靠近基缘；腹末具1对钳状尾突（图11-22C）。

为害特征：成虫和幼虫在未展开的棕榈科植物心叶上取食叶脉表皮薄壁组织，留下狭长的褐色条纹，心叶展开后呈大型褐色坏死条斑。植株受害初期叶尖下垂干枯，后期叶片枯萎，褐色顶冠，直至茎干变细后植株死亡（图11-22D）。

图11-22　椰心叶甲
A.成虫　B.幼虫　C.蛹　D.海枣受害状

2.八角叶甲 *Oides duporti* Laboissiere

成虫：体卵形，黄褐色有黑斑，具金属光泽。雌虫体长12 ~ 16mm；触角11节，丝状，1 ~ 7节淡黄色，末端4节黑色。前胸背板近梯形，其上具4个黑色斑点，两侧大斑明显；每鞘翅具5个大黑斑；腹部可见5节，末端为小缺刻。雄虫体长10 ~ 13mm，宽6 ~ 8mm，腹部末端三叶状（图11-23A）。

卵：呈椭圆形，表面光滑，淡黄色；长1.2 ~ 1.8mm，宽0.9 ~ 1.1mm。

幼虫：高龄幼虫体长11 ~ 18mm，扁筒形，体上有蓝黑色光泽的斑块。头部蓝黑色，前胸背板有1对蓝黑色大斑。中、后胸及腹部1 ~ 8节在气门上线处各有一蓝黑色短刺和横纹，每节背上有1对横置的蓝黑色斑块；圆形气门、3对胸足末端2节蓝黑色（图11-23B）。

蛹：裸蛹，近椭圆形，淡黄色，长9 ~ 10mm，头部额中有刺2对，前胸背面有刺3列，中、后胸及腹部背面每节有刺4个，腹部1 ~ 8节在气门线下有较大的刺各1个，腹端有刺1对。

为害特征：初孵化幼虫取食八角嫩叶，呈缺刻状；2龄取食整片小嫩叶，3龄后食量大增。成虫亦取食八角叶片。受害严重的林木，八角叶片可被吃光（图11-23C），造成八角果减产，甚至绝收或植株枯死。

图11-23 八角叶甲
A.成虫 B.幼虫 C.八角受害状

（十三）叶蜂类

1.广西新松叶蜂 *Neodiprion guangxiicus* Xiao et Zhou

成虫：雌虫体长7 ~ 10mm，体红褐色；触角栉齿状，基部2节红褐色，其余黑色；翅脉黑色，翅面覆黑色短绒毛；翅痣基部前端周缘黑褐色，前端中央淡黄色；头部刻点粗密，胸部刻点较稀疏而均匀（图11-24A）。雄虫体长5 ~ 8mm，触角双栉齿状，黑色

(图11-24B)。

卵：肾形，微扁，初产时乳黄色，近孵化时灰黑色（图11-24C）。

幼虫：高龄幼虫头部橘黄色，具光泽，头顶刚毛中等长，稀疏；黑色或灰黑色背线2条，亚背线白色或近白色；触角节间、上颚基部、下颚和下唇未骨化区灰白色；胸足淡橘黄色，内侧黄白色；体壁肤刺密集粗大，肤刺周围浅黑色（图11-24D）。

蛹：离蛹，圆筒形，长7 ~ 11mm，褐色，略具光泽。

茧：淡黄色，长8 ~ 10mm，似花生米状，丝质，棕褐色，略具光泽（图11-24E）。

为害特征：幼虫取食松树松针，1 ~ 2龄幼虫取食嫩叶边缘，3龄后取食量增大，可将整束针叶全部吃光，仅留叶鞘。

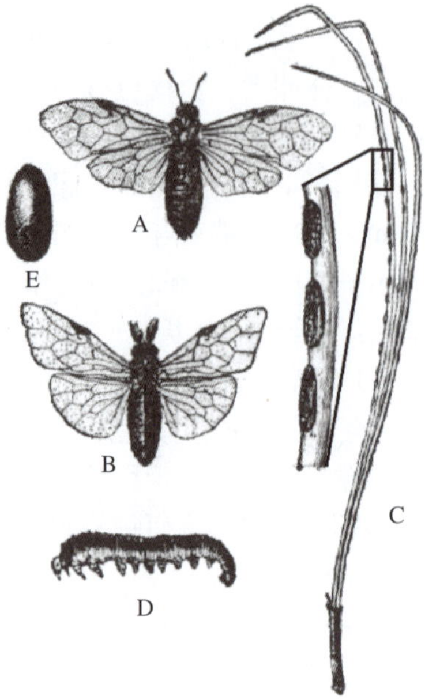

图11-24 广西新松叶蜂（仿方文成和曹文聪）
A.雌虫 B.雄虫 C.卵 D.幼虫 E.茧

2.红胸樟叶蜂*Mesoneura rufonota*（Rohwer）

成虫：雌虫体黑色；前胸背板、翅基片、中胸背板除附片外、中胸前侧片上侧2/3红褐色；足大部黑色，各足基节端部，转节全部，前、中足胫跗节，后足胫节基部2/3白色至浅黄褐色；翅均匀浅烟色，翅痣和翅脉黑褐色。雄虫体色和构造近似雌虫，但前、中足股节多为暗红褐色，触角具短立毛，第八背板具中脊（图11-25A）。

卵：椭圆形，稍弯曲。长0.7 ~ 1.2mm，亮乳白色。

幼虫：共4 龄，胸足黑色。1龄幼虫体长2 ~ 3mm，体色近透明。腹足7对，第七节及第十节上的足较退化。头部黑色，胸足有淡绿色纹，腹部青绿色。4 龄幼虫体长8 ~ 18mm，胸部及第一、第二 腹节背面小黑点大而明显，其余腹节无（图11-25B）。

蛹：长7.5 ~ 10mm，初期淡黄色，后渐变成暗黄色。

为害特征：幼虫取食香樟嫩叶，1龄幼虫从叶片的背面取食叶肉，有时也会出现将叶片吃成穿孔的现象；2 ~ 4龄幼虫从叶缘或靠近叶脉处开始蚕食叶片，造成叶片均被食光，仅剩枝干（图11-25B）。

图11-25 红胸樟叶蜂
A.成虫（雌，牛耕耘供图） B.幼虫及香樟嫩梢受害状

（十四）蝗虫类

1.黄脊雷篦蝗 *Rammeacris kiangsu*（Tsai）

成虫：体中型，长29 ~ 40mm，草绿色。头尖，前胸背板中央有1条黄色纵纹，触角丝状，黑色，末端淡黄色；翅长超过腹末；后足腿节粗大，黄色，端部有一黑斑，两侧有“人”字形沟纹；胫节蓝黑色，有2排刺；跗节和前跗节灰白色（图11-26A）。

卵：长椭圆形，稍弯曲，壳上有网状纹，卵块圆筒形，顶端有黑色卵块盖（图11-26B）。

若虫：共5龄。触角黄褐色，端部淡黄色，足上有暗绿、黑褐相间条纹；若虫体色随龄期不同而不同，3龄后以黑黄色为多，形似成虫，但无翅或仅有翅芽（图11-26C）。

为害特征：成虫和若虫取食为害毛竹等竹类植物的叶片，轻者造成叶片出现不同形状的缺刻，影响其光合作用；严重时整片竹林叶片均被吃光，被害竹林呈火烧状，连续多次或多年为害，可导致植株枯死（图11-26D）。

图11-26 黄脊雷篦蝗
A.成虫 B.卵（杨忠武供图） C.若虫（杨忠武供图） D.竹林受害状

2.棉蝗 *Chondracris rosea*（De Geer）

成虫：草绿色。雄虫体长44 ~ 56mm，雌虫体长62 ~ 81mm。头顶宽短，顶端钝圆；触角细长，丝状，黄绿色，复眼长卵形，前胸背板的中隆线较高，背板粗糙；前翅背面青绿色，后翅扇状，中部与基部淡紫红色；后足发达，胫节侧红色，刺黄白色，刺端黑色（图11-27A、B）。

卵：长椭圆形，稍弯曲。初产时黄色，卵粒长6 ~ 7mm，宽1.8 ~ 2.0mm。卵块呈圆柱状，外有胶质物包裹。

若虫：体深绿色，形态特征与成虫相似，具翅芽，体较小；前胸背板的中隆线高，3条横沟明显，且均割断中隆线（图11-27C）。

为害特征：若虫和成虫为害桉树等寄主植物叶片，轻者造成植株叶片形成缺刻，影响植株正常生长发育。严重时，成片植物的叶片可被食光，导致林木生长发育迟缓和产量降低。

图11-27 棉蝗
A. 成虫背面观 B. 成虫侧面观 C. 若虫（任向明供图）

四、作业

1. 描述马尾松毛虫、双线盗毒蛾、八角尺蛾、竹篦舟蛾、黄刺蛾、焦艺夜蛾、桉袋蛾、茶斑蛾、朱红毛斑蛾、广州小斑螟成虫的主要识别特征。

2. 描述广西灰象、椰心叶甲、红胸樟叶蜂、黄脊雷篦蝗的主要鉴别特征。

实验十二 | *Experiment 12*

森林主要刺吸害虫的识别

一、实验目的

1.通过观察主要刺吸松树、桉树、八角、板栗、阴香、油桐、油茶、榕树、竹类等植物的害虫各虫态的标本，掌握不同类群刺吸害虫的主要识别特征。

2.通过观看彩印照片、挂图和数码高清照片等，观察主要刺吸害虫的为害状，掌握主要刺吸害虫的为害特征。

二、实验材料和工具

（一）实验材料

①盾蚧类：松突圆蚧、矢尖蚧、考氏白盾蚧。

②粉蚧类：湿地松粉蚧、扶桑绵粉蚧。

③蜡蚧类：日本龟蜡蚧、红蜡蚧。

④蚜虫类：松大蚜、竹叶扁蚜。

⑤木虱类：桉树芽木虱、剑痣木虱。

⑥叶蝉类：黑尾大叶蝉、大青叶蝉、灰同缘小叶蝉。

⑦蜡蝉类：眼纹广翅蜡蝉、缘纹广翅蜡蝉、八点广翅蜡蝉、白蛾蜡蝉。

⑧蝉类：蚱蝉、蟪蛄。

⑨盾蝽类：角盾蝽、油茶宽盾蝽。

⑩蓟马类：榕管蓟马、华简管蓟马、榕端宽管蓟马。

⑪叶螨类：二斑叶螨。

（二）实验工具

双目体视镜、放大镜、镊子、解剖针、培养皿、泡沫板等。

三、实验内容

分别取观察对象的各虫态标本，依次识别其主要鉴别特征，成虫、卵、幼（若）虫和蛹采用目视法直接观察，当目视法无法观察到细微的特征时，可将其置于培养皿或泡沫板上，用手持放大镜观察，或在双目体视镜下观察。观察其为害状标本或图片，识别其为害特征。

（一）盾蚧类

1.松突圆蚧 *Hemiberlesia pitysophila* Takagi

成虫：孕卵前，雌虫介壳近圆形，扁平，灰白色，上有3圈明显轮纹，壳点居中或略偏，壳点橘黄色；孕卵后，雌虫介壳雪梨状，较厚。雌虫体阔梨形，淡黄色，长约1.0mm。2 ~ 4腹节侧缘向外稍突；臀叶2对，中臀叶突出，端圆，每侧各有1个缺刻；第二臀叶小（图12-1A、B）。雄虫介壳长椭圆形，灰白色，壳点褐色，突出于一端。雄虫体纺锤形，橘黄色，长约0.8mm；具1对翅，膜质，上有翅脉2条；其交尾器发达，长而稍弯曲（图12-1C）。

卵：椭圆形，长约0.35mm。卵壳白色透明，表面有细颗粒分布。

若虫：椭圆形，淡黄色，长0.2 ~ 0.3mm。触角4节，端节最长，为基节3节之和的3倍。足和口器发达。

蛹：淡黄色，棒槌状，长约0.75mm。触角、足、翅及交配器淡黄色，口器完全消失。

为害特征：成虫和若虫刺吸松树的松针老叶基部、嫩梢基部、新鲜果球的果鳞、新抽针叶的中下部和松针束的汁液，使受害位置变褐、变黑、萎缩甚至腐烂，导致受害部位枯黄卷曲、萎缩和脱落（图12-1D）。

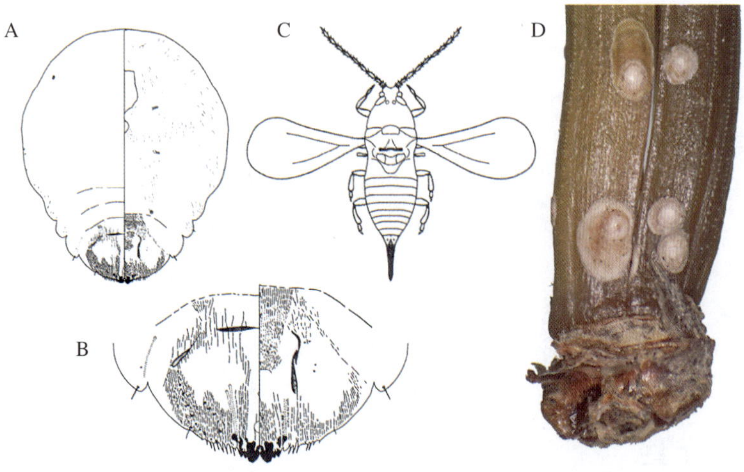

图12-1　松突圆蚧
A、B.雌虫及其臀板（仿李孟楼）　C.雄虫（仿李孟楼）　D.成虫和若虫为害松针

2.矢尖蚧 *Unaspis yanonensis*（Kuwana）

成虫：雌虫介壳黄褐色或棕褐色，边缘灰白色，长2.0 ~ 3.5mm；前端尖，后端宽，中央有1条纵脊，似箭形，蜕皮壳位于蚧壳前端。雌虫体长形，橘黄色，长2.5mm，胸部长，腹部短，前胸与中胸分节明显，2 ~ 3腹节边缘显著突出；触角位于前端，退

化成一瘤状突起，上面各着生长毛1根，口喙长（图12-2A、B）。雄虫介壳狭长，长1.3 ~ 1.6mm；粉白色，棉絮状，壳背上有3条纵隆起线，蜕皮壳于前端，淡黄褐色（图12-2C）。雄虫体橘橙色，长0.5mm，翅1对，翅展1.7mm，腹部末端有针状交尾器。

卵：卵椭圆形，长0.2mm，橙黄色。

若虫：初孵若虫橙黄色，似草鞋状，触角和足发达，腹部末分布有1对长毛。2龄若虫，椭圆形，浅黄色半透明状，触角和足消失。

蛹：蛹橙黄色，长1.4mm，性刺突出。

为害特征：雌成虫、若虫固定在板栗、八角、苏铁等寄主植物的叶片、果实和嫩梢上吸取汁液（图12-2D），使受害部位形成黄斑，导致叶片畸形、卷曲和干枯，叶片褪绿变黄，易诱发煤污病，导致叶枯枝干，甚至死亡；果实受害处变成黄绿色，外观差，果味酸。

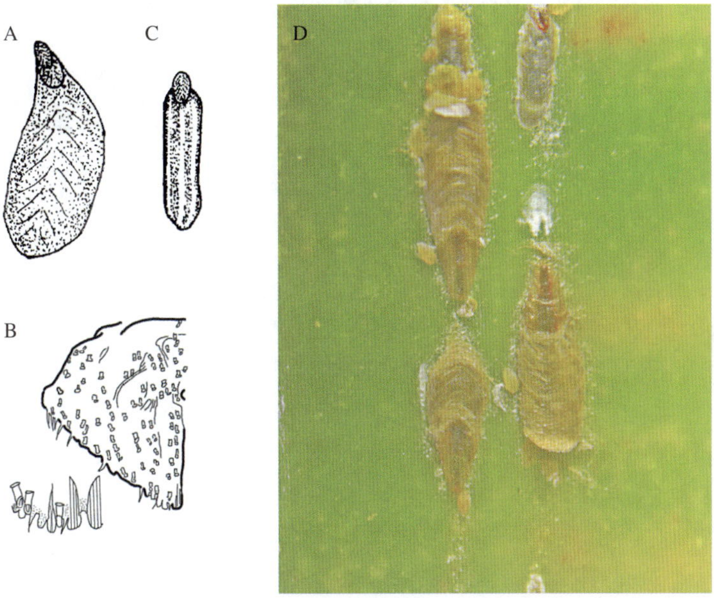

图12-2 矢尖蚧
A.雌介壳 B.雌虫臀板 C.雄介壳 D.成虫和若虫为害苏铁

3.考氏白盾蚧 *Pseudaulacaspis cockerelli*（Cooley）

成虫：雌虫介壳长梨形或圆梨形，白色，壳点位于前端，橘黄色或黄褐色（图12-3A）。雌虫体长纺锤形至卵圆形，臀叶2对，中臀叶大，呈“^”形，陷入或半突出，臀叶间有1对缘毛；第二臀叶双分，内、外叶长勺状，但外分叶常较小或退化呈锥状；第三～四对臀叶不发达。侧腺刺从第八腹节分布至后胸或中胸，第三腹节至中胸侧缘具一些短管腺。围阴腺5群（图12-3B）。雄虫介壳蜡质、白色，长形，长1.2 ~ 1.5mm（图12-3C）。雄虫体红褐色；具翅，前翅白色透明，具1条分叉的翅脉，后翅为平衡棒，棒端有1根长钩毛；足发达，跗节长于胫节，内侧有粗刺状感觉毛。

卵：长椭圆形，长0.22 ~ 0.24mm，黄色，接近孵化时有1对黑色眼点。

若虫：初孵若虫椭圆形，黄色，体长0.25 ~ 0.29mm，触角和足发达。

为害特征：雌成虫和若虫寄生在油茶、红背桂、白玉兰等寄主植物的叶片、绿茎或枝上（图12-3D）。受害叶出现黄白色斑点或斑块，雄虫群集在叶片背面呈棉絮块状，严重影响植物的观赏价值和经济效益。

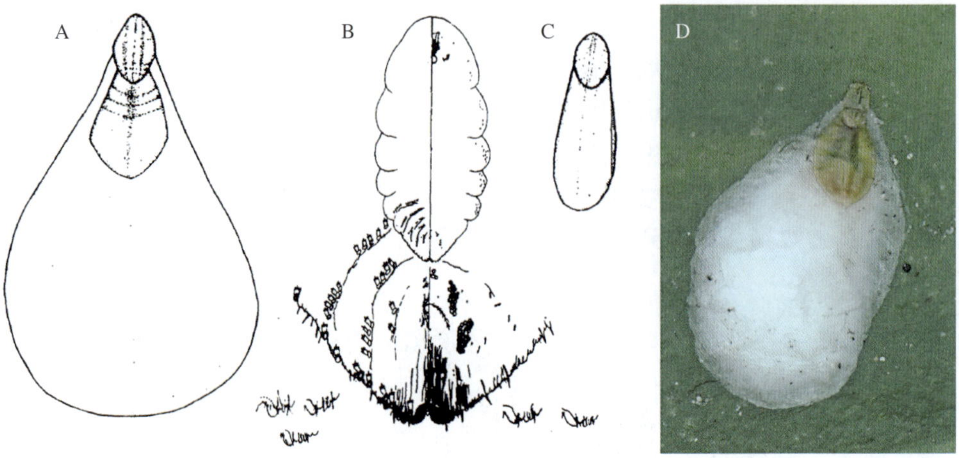

图12-3 考氏白盾蚧
A.雌虫介壳（仿罗佳和葛有茂） B.雌虫（仿胡兴平） C.雄虫介壳（仿罗佳和葛有茂） D.雌虫为害红背桂

（二）粉蚧类

1.湿地松粉蚧 *Oracella acuta*（Lobdell）

成虫：雌虫体呈梨形，中后胸最宽；体长1.5 ~ 1.9mm，体宽1.0 ~ 1.2mm，浅红色；在蜡包中；虫体上刺突少，有大量具泌蜡功能的多格腺和少量三格腺不规则分布在虫体上，多格腺在各腹节边缘较多、成行排列；触角7节，其上具细毛，端节较长，为基节2倍，并具数根感觉刺毛；复眼明显、半球状；口针长度为体长1.5倍；足3对、不退化，后足基节无透明孔；中、后胸各具1对气门；前背裂不明显；腹侧具5对刺孔群（C_{18}、C_{17}、C_{16}、C_{15}、C_{14}），刺孔群由两根圆锥状刺、聚集的三格腺和细毛组成；第七腹节具1对后背裂、较大；臀瓣不突出，其上各具1臀瓣刺；肛环上具6根肛环刺和数十个圆盘状孔（图12-4A）。雄虫体长0.9 ~ 1.1mm，翅展1.5 ~ 1.7mm，粉红色；触角基部和复眼朱红色；中胸大、黄色；有1对白色翅、翅脉简单；第七腹节两侧各具1条0.7mm长的白色长蜡丝（图12-4A）。

卵：长椭圆形，长0.32 ~ 0.36mm，浅红色至红褐色。

若虫：初孵若虫，不对称椭圆形，体长0.44 ~ 1.52mm，浅黄色至粉红色。中龄若虫，虫体上分泌出白色粒状蜡质物，腹部末端有3条白色蜡丝。高龄若虫，固定生活，分泌出的蜡质物形成蜡包，将覆盖虫体。

雄蛹：雄蛹为离蛹，体长0.89 ~ 1.03mm，粉红色。触角可活动，复眼圆形、朱红色。足3对、浅黄色。在头部、胸部和腹部分泌出白色粒状蜡质物和2 ~ 3倍体长的灰白色长蜡丝，并逐渐覆盖蛹体。

为害特征：成虫和若虫聚集在湿地松的针叶基部（图12-4C）、嫩梢和球果刺吸为害，影响湿地松的正常生长。受害针叶极短，不能伸展；受害枝梢枯死、弯曲，形成丛枝现象；受害球果发育受限制，球果小且弯曲。

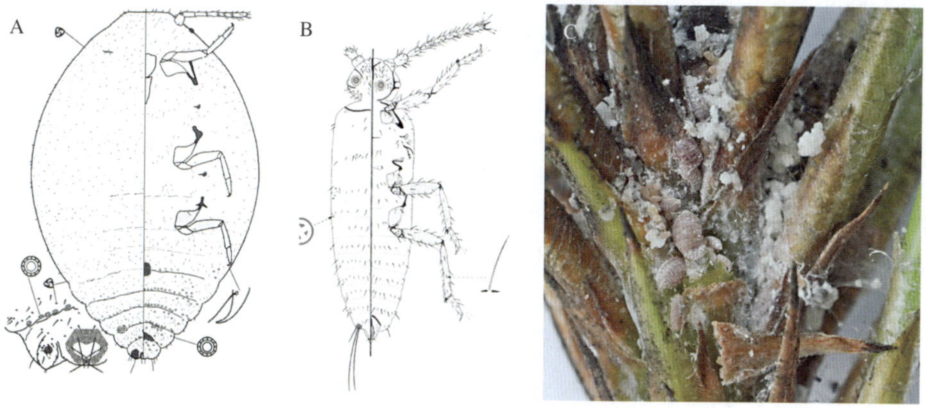

图12-4　湿地松粉蚧
A.雌虫（仿李孟楼）　B.雄虫（仿Hodgson）　C.雌虫和若虫为害松梢

2.扶桑绵粉蚧 *Phenacoccus solenopsis* Tinsley

成虫：雌虫卵圆形，浅黄色；足红色，腹脐黑色；被有薄蜡粉，在胸部背面可见0～2对、腹部背面可见3对黑色斑点；体缘有蜡突，均短粗，腹部末端4～5对较长；除去蜡粉后，在前、中胸背面亚中区可见2条黑斑，腹部1～4节背面亚中区有2条黑斑（图12-5A）。雄虫体型微小，红褐色；长1.4～1.5mm；触角10节，长约为体长的2/3；足细长，发达；腹部末端具有2对白色长蜡丝；前翅正常发达，平衡棒顶端有1根钩状毛（图12-5B）。

卵：长椭圆形，长约0.34mm；呈淡黄或乳白色，表面光滑有光泽；一端有2个红色暗点，孵化后这2个红色暗点形成若虫单眼。

若虫：初孵若虫，长椭圆形；腹部末端稍尖，淡黄色；触角6节；单眼暗红色，红棕色足发达。2龄若虫体缘出现明显齿状并突起。3龄若虫体缘突起较明显；尾瓣突出，触角7节。

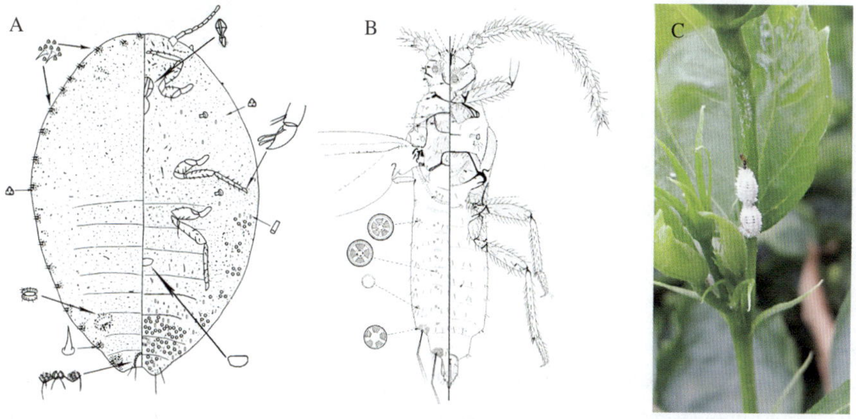

图12-5　扶桑绵粉蚧
A.雌虫（仿Thomas和Ramamurthy）　B.雄虫（仿Hodgson）　C.若虫为害扶桑

雄蛹：虫体自身分泌的白色蜡质絮状物将其包裹，剥去蜡质物，可见黄棕色离蛹；长椭圆形，黄褐色，虫体覆盖少量白色蜡粉；头、胸、腹分化明显；体长约1.25mm。

为害特征：成虫和若虫吸食扶桑等植物的嫩枝、叶片、花芽、叶柄等幼嫩部位的汁液（图12-5C）。成虫和若虫还会分泌蜜露，诱发煤污病，严重时可造成植株成片死亡。

（三）蜡蚧类

1.日本龟蜡蚧 *Ceroplastes japonicus* Green

成虫：雌虫壳长3～5mm，宽2～4mm，高1～2mm；虫体卵圆形，长3～4mm，黄红色至红褐色；触角6节；背部灰白色，壳背向上隆起，形似半球体；表面密被蜡质形成坚厚蜡壳，壳表面呈龟甲状，由1个中心板块和8个边缘板块组成，壳周围还有大量蜡质包围；腹面较平（图12-6A）。雄虫棕褐色，长1.5mm左右；单眼4～10个，多为6个；交尾器短，呈针状（图12-6B）。

卵：椭圆形，乳白色至深红色。

若虫：白色，扁平，长椭圆形，长0.2～0.35mm，宽0.1～0.25mm；体躯周围有蜡角13个；触角6节，足发达。

为害特征：若虫和雌虫吸食阴香和小叶栎等寄主植物的树梢及叶片的汁液（图12-6C），其分泌的蜜露能诱发煤污病，为害严重时，可造成植株枯死。

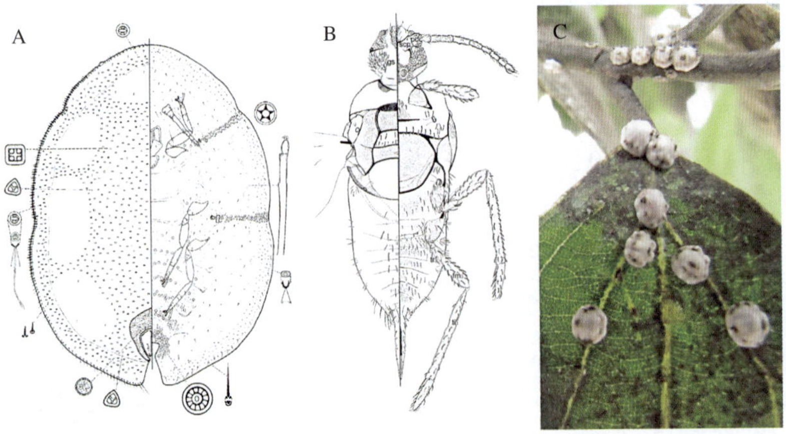

图12-6　日本龟蜡蚧

A.雌虫（仿Papadopoulou等）　B.雄虫（仿Rainato和Pellizzari）　C.雌虫为害阴香

2.红蜡蚧 *Ceroplastes rubens* Maskell

成虫：雌雄异型。雌虫无翅，椭圆形，具暗红色至紫红色的蜡壳；长约4.0mm，高约2.5mm，顶部凹陷，形似脐状；有4条白色蜡带，从腹面卷向背面；虫体紫红色，触角6节（图12-7A）。雄虫体暗红色，体长约1.0mm，翅展约2.4mm，具翅1对，白色半透明。

卵：椭圆形，两端稍细，淡红色至淡红褐色，有光泽。

若虫：初孵若虫体扁平，椭圆形，前端略宽，紫红色。3龄若虫体背面中央稍高，其上覆白色透明蜡质。

蛹：长1.2mm，淡黄色；茧椭圆形，暗红色，长1.5mm。

为害特征：雌虫和若虫吸取松树等寄主植物枝叶的汁液，其排泄的蜜露常导致植株发生煤污病，影响植株的光合作用，造成植物落叶，树势衰弱，影响植株的生长发育，严重时使枝梢或整株枯死（图12-7B）。

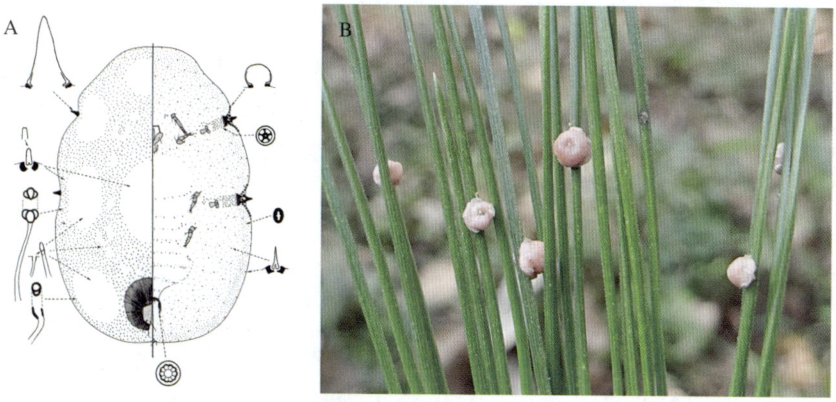

图12-7 红蜡蚧

A.雌虫（仿Hodgson和Peronti） B.成虫和若虫为害松针

（四）蚜虫类

1.松大蚜*Cinara pinea*（Mordwilko）

成虫：较同类蚜虫个体大，触角刚毛状，共6节，第三节最长。复眼黑色，突出于头的两侧。有翅型雌体黑褐色，有黑色刚毛，足上尤多；翅膜质透明，前缘黑褐色；雄虫与胎生的无翅型成虫极为相似，仅体型略小，腹部稍尖（图12-8A）。无翅型腹部散生黑色颗粒物被有白色蜡质粉，末端钝圆（图12-8B）。

卵：黑色，长椭圆形。

若虫：共4龄，体态与无翅成虫极为相似。胎生的若虫为淡棕褐色，体长约1.0mm，4 ~ 5d后变为黑褐色。

为害特征：若蚜和成蚜群集为害松树等寄主植物的嫩枝和嫩梢（图12-8C）。严重发生时，造成松针端部脱水、发红，或形成黄红色斑，枯针和落针明显。其分泌的蜜露可诱导松树产生煤污病，影响松树的生长发育。

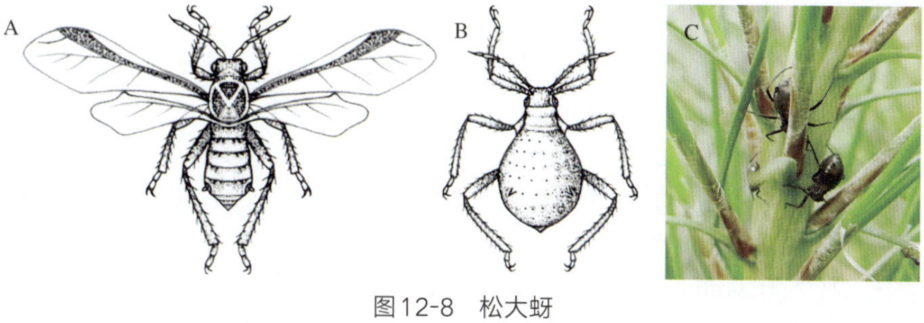

图12-8 松大蚜

A、B.有翅和无翅成虫（仿李孟楼） C.若虫为害松针

2.竹叶扁蚜*Astegopteryx bambusae*（Buckton）

成虫：无翅孤雌蚜体扁平，卵圆形，长1.9mm，宽1.1mm；黄绿色，背中线两侧有深绿色中断纵带，略被白粉及少数长蜡毛。体表光滑，体缘有皱纹。腹管后几节微有横纹。气门圆形，气门片淡色。胸、腹部各节缘片各有4～6个圆形蜡孔，彼此分离，排成一纵行。中胸腹岔两臂远离，有时一丝相连，两臂呈指状，与触角末节鞭部相等。触角4～5节，细而短，有微瓦纹。喙短粗，不达中足基节，端部有2对长刚毛。足短粗，光滑。腹管位于有毛的圆锥体，围绕腹管有长硬毛8～11根。尾片瘤状，微有刺突，有短毛7～8根。尾板分为两片，有长硬毛16～18根（图12-9A）。

为害特征：成虫与若虫常成群栖息于竹叶背面吸食汁液，受害部位有白色斑点（图12-9B），造成竹叶卷曲皱缩，并诱发煤污病。

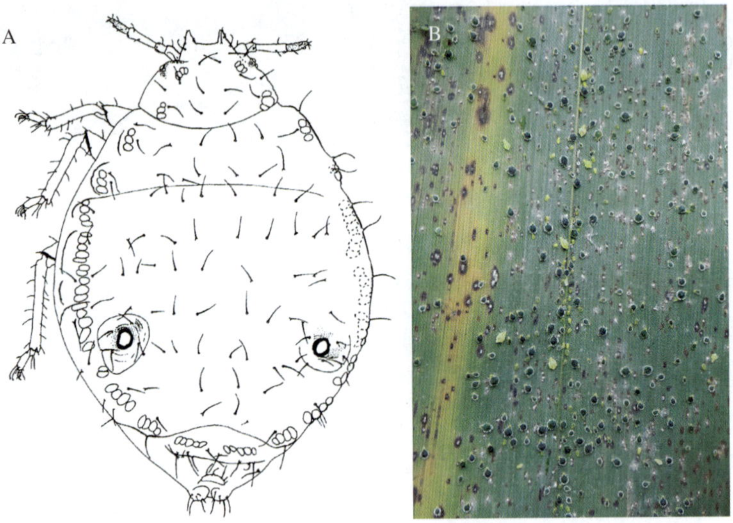

图12-9　竹叶扁蚜
A.雌虫（仿Noordam）　B.若虫和雌虫为害竹叶

（五）木虱类

1.桉树芽木虱*Blastopsylla occidentalis* Taylor

成虫：雄虫体长1.0～1.2mm，体翅长1.7mm左右；雌虫体长1.5～1.7mm，体翅长2.1mm左右。雌、雄头均向下伸，头顶黄色，中缝、头顶两侧凹陷、后缘褐色；颊锥黄色，指状，端近半圆形，中央紧靠一起；单眼黑色，复眼灰色；触角黄褐色，端2节黑色，端刚毛2根黄色。胸部黄色，前胸背板两侧各有1对褐斑；中胸前盾片前缘两侧及翅前片前缘黑色，盾片背面有5条深褐色纵带，小盾片及后小盾片黄色，后胸拟背片具有4条黑色纵脊。足黄色，后足胫节无基齿，端距5个，基跗节外侧具1个爪状距；后基突短，丘突状。前翅污褐色，脉褐色，前缘具断痕，翅痣宽长，后翅透明。腹部黄色，第四～八节背板具黑色横带（图12-10A）。

卵：长0.21～0.24mm，宽0.09～0.11mm。椭圆形，淡黄色，一端有一卵柄，卵柄基部深埋于植物组织中；初产的卵半透明。后期透过卵壳可见1个红色小点。

若虫：长0.27 ~ 1.30mm，体椭圆形，扁平，触角棒状，复眼红色。低龄若虫颜色较深，足褐色；高龄若虫颜色较浅，足淡黄色，翅芽和腹部随龄期增长而变化。

为害特征：若虫和成虫群集于桉树嫩梢和嫩枝刺吸为害，若虫会分泌蜜露和白色絮状物（图12-10B、C），受害严重时造成植株嫩梢枯死。

图12-10　桉树芽木虱
A.雌、雄虫（仿Tamesse等） B.成虫为害桉树嫩梢 C.若虫聚集为害桉树嫩梢

2.剑痣木虱*Macrohomotoma gladiatum* Kuwayama

成虫：体黑褐色，具绿色斑纹，光滑。头顶黄褐色，后缘中部具黑色斑纹；无颊锥，触角黄色，第四～九节端及第十节褐色。中胸前盾片两侧、盾片两侧角黄色；后胸黄褐色；胸部两侧的黄色部分构成两侧宽的黄色纵带。足黑色至黑褐色。前翅透明、污黄色，脉黄色，有时沿脉两侧具淡污黄褐斑；翅痣卵圆形，外端具黑斑，缘纹3条；臀区具2个黑色斑点。腹部黑色，腹板绿色（图12-11A）。

卵：纺锤形，一端较尖。初期黄白色，半透明，后转变为浅褐色。

若虫：若虫1 ~ 2龄体较扁，1龄黄红色，触角4节；2龄不见翅芽，触角6节。3龄

图12-11　剑痣木虱
A.成虫 B.若虫 C.若虫聚集为害榕树嫩梢

和4龄的触角分别为8和10节，颜色由黄转青。5龄体青褐色，翅芽突出。各龄若虫腹部分泌大量白色蜡丝。若虫背面每节有两条褐色线斑（图12-11B）。

为害特征：若虫和成虫群集为害榕属植物嫩梢和嫩枝，若虫会分泌白色絮状物（图12-11C），可造成嫩梢枯死。

（六）叶蝉类

1.黑尾大叶蝉*Bothrogonia ferruginea*（Fabricius）

成虫：体长12.0 ~ 13.5mm，体橙黄色，头部、胸部及小盾片深黄色，头部有一明显的圆形黑斑，头顶的另一黑斑向颜面部位呈长方形延伸。前、后唇基相交处有一横跨的黑色斑纹。复眼、单眼均黑色。前胸背板有圆形黑点3个。前翅橙黄色稍具褐色，翅基和肩角各有黑斑1块；翅端黑色。后翅黑色。胸、腹面均为黑色（图12-12）。

若虫：高龄若虫体长10mm，体淡黄色。头呈钝五角形。复眼黑色，周缘略带灰黄色。前胸背板梯形，幅宽。翅芽及足均为淡黄色。

为害特征：成虫、若虫吸食植物组织的营养，引起褪色斑点，造成叶片枯黄和落叶。

图12-12　黑尾大叶蝉

2.大青叶蝉*Cicadella viridis*（L.）

成虫：体长7 ~ 10mm，雄虫比雌虫略小，体青绿色，头淡黄色，头顶有1对黑斑，背面有2个单眼，两单眼间有2个多边形黑斑。前胸背板前部淡黄绿色，小盾片淡黄绿色，中间有1条横刻纹。前翅绿色，带青蓝色，前缘淡白色，翅的尖端灰白色，半透明。后翅黑灰色，半透明。腹部背面黑色，腹两侧及末端、胸、腹部腹面和足均为橘黄色，跗爪黑色（图12-13）。

卵：长卵形，乳白色，长度1.5mm。在树体的表皮下，10粒左右排列成卵块。

若虫：1 ~ 2龄若虫在头冠有2黑色斑纹。

为害特征：成虫、若虫均以刺吸口器刺入寄主植物组织吸收营养，轻者引起褪色斑点，叶色变黄，重者造成整个嫩梢萎蔫和枯死。

图12-13　大青叶蝉（陆千乐供图）

3.灰同缘小叶蝉*Coloana cinerea* Dworakowska

成虫：雌虫体长3.1 ~ 3.3mm，体黄色或黄褐色。头冠淡黄色，单眼白色，位于头冠与颜面交界处，复眼黑色；前胸背板和小盾片黄褐色。前翅灰白色略呈淡黄色，半透明；后翅白色透明，胸足爪节深褐色，腹部褐色或黑色。雄虫体长2.9 ~ 3.2mm，尾节腹面末缘两侧各有一簇白色毛（图12-14）。

卵：0.81 ~ 0.87mm。初产时乳白色，呈长香蕉形，底部宽椭圆形。

若虫：初孵时体、触角、胸足乳白色，复眼红褐色，腹部各节具长刚毛。5龄若虫头部、胸部及翅芽浅褐色，胸足腿节和胫节浅白色，前跗节呈褐色。

为害特征：若虫和成虫群集于秋枫等寄主植物的叶片背面刺吸植物汁液，叶片正面出现黄褐色斑，受害严重时整株叶片枯黄并提前脱落。

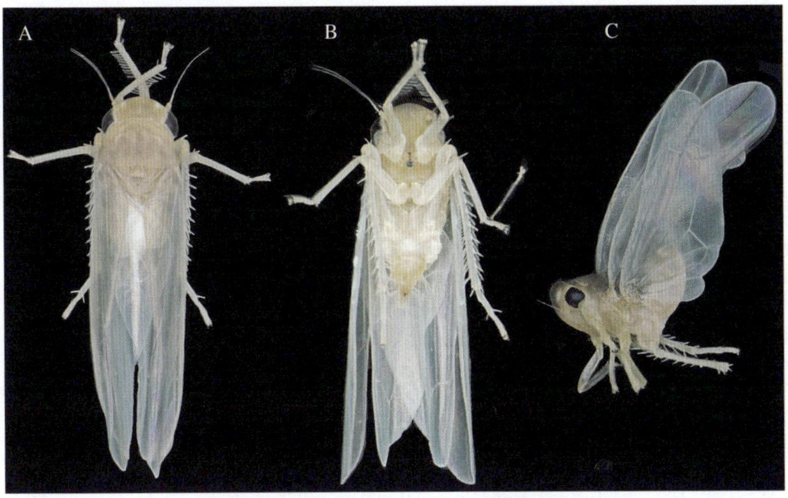

图12-14 灰同缘小叶蝉（雌）
A.背面观 B.腹面观 C.侧面观

（七）蜡蝉类

1.眼纹广翅蜡蝉*Euricania ocella*（Walker）

成虫：头宽广，头和前胸背板等阔；前翅阔三角形，翅角圆，前翅无色透明；前缘、外缘、内缘均有栗褐色宽带，前缘带更宽些，在中部和近端部2处中断，各夹有一黄褐色三角形斑；中横带栗褐色，较宽，其中段围成1个圆环，形似眼纹（图12-15A）。

卵：椭圆形，白色至浅蓝色，近孵时为暗蓝色。卵块呈条状双行互生倾斜排列于嫩枝的组织内，上面覆盖着白色丝状物。

若虫：共5龄。体色呈淡蓝色至淡黄绿色，腹部披有白色蜡丝，呈12束放射状，可覆盖整个虫体。

为害特征：若虫和成虫刺吸桉树等寄主植物嫩茎和嫩叶的汁液，影响植株生长，发生严重时，植株枝叶变黄，甚至死亡。若虫能分泌白色絮状物，黏附在嫩梢上。

2.缘纹广翅蜡蝉*Ricania marginalis*（Walker）

成虫：体长6.0 ~ 7.5mm。体褐色至深褐色，有的个体颜色很浅，近黄褐色，中胸背片色最深，近黑褐色。前胸背板具中脊，两边刻点明显；中胸背板长，具纵脊3条。前翅深褐色，后缘颜色稍浅，前缘外方1/3处有1个三角形大透明斑，其内下方有一近圆形透明斑；翅面散布白色蜡粉；后翅黑褐色半透明（图12-15B）。

若虫：体灰色，扁平，腹背有许多直立而左右对称的白色蜡珠。

为害特征：成虫和若虫聚集为害桉树和油茶等寄主植物嫩梢、嫩叶等，造成嫩梢或嫩叶枯死，影响植株的生长发育。

3. 八点广翅蜡蝉 *Ricania speculum* Walker

成虫：体长6.5 ~ 8.1mm，翅展19 ~ 25mm。体褐色至深褐色或浅褐色，中胸背板近黑褐色。前翅深褐色，每个前翅有4个透明斑，外缘有2个不规则形的透明斑，其中前斑较大，略呈长方形，后斑略小或很小；中部有1个近圆形的透明斑，被1个黑褐色圆形小斑环绕（图12-15C）。

卵：卵长椭圆形，长1.2mm，初为乳白色，后变为淡黄色。

若虫：近菱形，体长5 ~ 6mm，乳白色，腹末有蜡丝3束，散开时似孔雀开屏。

为害特征：成虫和若虫喜群集于桉树、油桐和油茶等寄主植物的嫩枝、嫩芽和嫩叶上刺吸汁液，影响植株生长发育；雌虫产卵于嫩梢，常造成植株被产卵部位以上部分枯死。

4. 白蛾蜡蝉 *Lawana imitata* Melichar

成虫：粉绿色或黄白色，体被白色蜡粉。头部向前尖突，复眼灰褐色。触角短小，基部3节膨大；前翅膜质，近三角形，翅脉多分枝成网状，外缘平直，顶角尖突；后翅白色、黄白色或粉绿色，膜质，半透明（图12-15D）。

卵：长椭圆形，淡黄白色，表面有细网纹卵块呈长方形。

若虫：长椭圆形，被白色絮状蜡质物；翅芽向体后侧平伸，末端平截，且具成束长蜡丝。

为害特征：成虫、若虫群集在桉树、木麻黄、降香黄檀等寄主植物的枝干、嫩枝、花穗、果梗上刺吸汁液，其排泄物引起煤污病，致使树势衰弱，严重时造成落果或品质变劣。

图12-15 蜡蝉类昆虫

A.眼纹广翅蜡蝉 B.缘纹广翅蜡蝉 C.八点广翅蜡蝉 D.白蛾蜡蝉

（八）蝉类

1. 蚱蝉 *Cryptotympana atrata*（Fabricius）

成虫：体大型，漆黑色，密被金黄色短毛。头冠宽短，稍宽于中胸背板基部；黑色，密被黄色短毛。复眼暗褐色，单眼淡红色。后唇基黑色，纵沟赭黄色，两侧横沟密被黄色蜡粉。喙管黑色，伸至中足基节。前胸背板内片黑色，密被黄色短毛；中央有 I 形隆起；外片黑色，中央有横向细纹，后缘波浪状。中胸背板黑色，中部有倒“八”字形刻纹。X形纹隆起黑色，前臂外侧有1对赭色圆斑，两侧密被金黄色长毛。前、后翅基部1/4 ~ 1/3暗褐色，不透明，基部颜色更深；基室黑色；前翅翅脉基半部红褐色，端半部及后翅翅脉暗褐色。足褐色至深褐色，具有红褐色斑纹。腹部背板黑色，每节背板后缘赭黄色；腹板黑色，每节腹板后缘赭黄色；上侧片内缘黑色，外缘赭黄色。雌虫产卵鞘粗、黑色、末端被长毛，与端刺等长；第七腹板后缘中央有较大的V形缺刻；其余特征同雄虫（图12-16A）。

卵：长椭圆形，稍弯曲，长2.4 ~ 2.5mm，宽约0.3mm；乳白色渐变黄，有光泽，头端比尾端略尖。

若虫：初孵若虫白色，细软，无复眼，无翅，仅具翅芽，无鸣器和听器。

为害特征：若虫在地下吸食多种寄主植物根系的汁液，致使树体衰弱。成虫除刺吸果实、嫩枝汁液为害外，还产卵于木质部，引起枝条失水枯死，果实脱落。

2.蟪蛄*Platypleura kaempferi*（Fabricius）

成虫：体粗短，头冠窄于前胸背板。橄榄绿色（多数干标本变为黄褐色），后唇基的基部狭横纹，复眼间横带、单眼区、顶侧区短纵纹及复眼内缘均为黑色。后唇基背面观黄褐色，纵沟及两侧横沟为黑色；前唇基仅中部有一橄榄色斑外，其余均为黑色。喙管较长，明显超过后足基节，有的长达第三节腹板。前胸背板内片橄榄绿色（多数干标本变为黄褐色），中纵带及其两侧斑纹、斜沟、内区侧缘、侧区前角叶及后缘区斑纹均为黑色。中胸背板橄榄绿色（多数干标本变为黄褐色），中央有2对倒圆锥形黑斑。X形纹隆起前区的矛状斑常与盾片前凹陷处的圆斑愈合在一起。X形纹隆起黄褐色，中央有黑色斑点。前翅基半部不透明，前缘膜处有2块暗色斑；前翅具3条黄褐色横带；径室端部和第八端室各有1个半透明斑；端室纵脉端部及外缘也有不规则的暗褐色斑点。后翅深褐色，不透明，外缘无色透明。腹部背板黑色，各节背板后缘绿色；腹部腹板黑色，每节腹板后缘绿色，稀被白色蜡粉和白色长毛。雌虫产卵鞘不伸出腹末，第七节腹板后缘中央有很小的缺刻；其余特征同雄虫（图12-16B）。

卵：梭形，黄色，长1.5mm。

若虫：黄褐色，长18 ~ 22mm；有翅芽，形似成虫，腹背微绿。

为害特征：成虫刺吸桉树和核桃等寄主植物嫩枝汁液，产卵于枝梢木质部内，致使枝梢枯死；若虫吸食根部汁液，导致树势衰弱，影响植株生长发育。

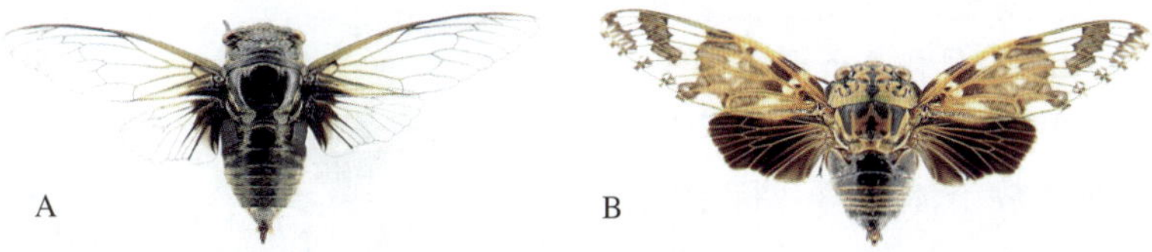

图12-16　蝉类昆虫
A.蚱蝉　B.蟪蛄

（九）盾蝽类

1.角盾蝽*Cantao ocellatus*（Thunberg）

成虫：体长19 ~ 26mm，体白色、米黄色至橘红色。头部两复眼间至中片基部半段有一蓝绿色至黑色的倒“T”字形斑；触角紫蓝色，第四～五节黑色；前胸背板前角附近有2个黑斑，后角附近有两个平行排列的黄斑；前胸背板及小盾片上的斑变化较大，一般其为白色至黄色，中间有或没有黑色色块，大小多变，大的斑可与周边斑相连。除前、中足腿节大部分褐色外，其余均为金绿色。腹部腹面黄褐色，第二～五腹节中央具纵浅槽，其两侧及各节侧缘各具1个紫蓝色斑块（图12-17A）。

卵：白色，圆球形，块状单层排列（图12-17B）。

若虫：共5龄，体黄色至橘红色，体近圆形；腹部背面中线上有3个黑色长形横斑；高龄若虫头部及前胸背板黑色（图12-17C）。

为害特征：成虫、若虫吸食油桐、泡桐和桉树等寄主植物的树汁、果汁，造成叶片枯黄，果实干瘪，严重时大量落果落叶。

图12-17 角盾蝽
A.成虫 B.卵 C.若虫

2.油茶宽盾蝽 *Poecilocoris latus* Dallas

成虫：体长16～20mm，宽10～14mm。前胸背板为橘黄色至红色，小盾片主要以白色至米黄色为底色。头部黑色，具有金属光泽。前胸背板侧角圆，不突出，前缘凹，前角处各有1个黑斑，后半部中线两侧有2个横形不规则大黑斑；小盾片基部有2行7个黑斑，第一行5个黑斑，中线上黑斑纵形，其两侧2个黑斑横形，外侧2个黑斑较小，近前角处；第二行2个黑斑靠近第一行中线两侧横形黑斑，在多数个体上第一行中间3个黑斑与第二行黑斑融为一体，成为1个大的不规则黑斑；小盾片后半部有1行4个黑斑，中线两侧黑斑很大，圆形至横形，两侧2个黑斑小，甚至消失；前胸背板及小盾片上的黑斑周围均有橘黄色至红色色带包围，黑斑具有金属光泽，斑块大小变异较大，相邻斑块可相连；小盾片覆盖整个腹部，多数不露出膜翅（图12-18）。

图12-18 油茶宽盾蝽

若虫：若虫橘黄色至红色，头部黑色，前胸背板上有2个浅色横形斑块或无明显斑块，小盾片中央有1个近钻石形黑斑，前角、侧缘及翅芽黑色；腹部背面白色至黄色，第四～七腹节中央橘黄色至亮黄色，第四腹节具2个红色小圆点；第五、第六腹节中央具2个横形黑斑，有时此2个斑块愈合成1个近圆形黑斑；腹部侧缘为橘黄色至红色（图12-18）。

卵：椭圆形，长15mm；上端有卵盖，初产时淡黄色，孵化前呈深黄色，卵盖有两颗对称小红斑。

为害特征：为害茶果，在无果期也为害幼嫩枝叶。成虫和若虫吸食果实中的油汁，影响其发育，造成落果或种子秕瘪。被害果皮呈现许多褐色小凹点，凹点所对种皮处呈淡棕色小痕斑。

（十）蓟马类

1.榕管蓟马 *Gynaikothrips uzeli* Zimmermann

成虫：雌虫体长2.6mm，体黑棕色至黑色。触角8节，1、2节棕黑色，3～5节及6节基半部黄色。前足腿节黄色；前足胫节、中足和后足胫节端部及附节均黄色。翅无色。头两颊近乎直，眼后密布横线纹。头长是宽的1.4倍，是前胸长的1.7倍。头顶单眼区呈锥状隆起，有六角形网纹；复眼大；口锥端部宽圆，伸达前胸腹片中部。前胸背片布满交错或扭曲的横纹。中胸前基腹片发达；后胸背片有纵的交错纹及网纹。前翅很宽，边缘直，不在中部收缩；翅基部具并行的鬃3根，后缘端部生间插缨18～20根。前足股腿节不增大，跗节内侧具小齿。腹部背片第一节板片近似三角形，2～4节两侧具交错横纹；管长是头长的1.2倍。雄虫体长约2.2mm；个体较小，其他与雌虫相似（图12-19A）。

卵：肾形，乳白色。

若虫：共4龄。第四龄称伪蛹。初孵化时为乳白色，后变为淡黄色，无翅头小而圆，触角6节，复眼黑色，单眼3个，黄色。触角往后折于头背面，第一节较粗于其他节。鞘状翅芽伸达腹部3/5处。

为害特征：主要为害榕属植物新梢，常在老叶上留下白色的圆形小点，或在嫩叶上留下饺子状的叶瘿和褐色成片的取食斑点，为害严重时致树叶卷曲，叶内有若虫、成虫几十头，叶片转黄，脱落。

2.华简管蓟马 *Haplothrips chinensis* Priesner

成虫：雌虫体长1.7mm，暗褐色至黑褐色；触角共8节，3～6节黄色，前足胫节及全部跗节黄色；翅无色；体鬃较暗。头稍长于宽，颊缘较直；口锥短宽，端部较窄，口针细，缩入头内复眼后。前胸背板光滑，边缘鬃除后缘鬃短小而尖外，其余均较长，端部扁钝；前翅中部收缩似鞋底形，具9根间插缨；腹部背板2～7节各具2对握翅鬃，第九腹背板鬃略短于管，第十节管状，长为头长的0.68倍。雄虫体长1.4mm，体色特征与雌虫相似，但前足跗节有齿（图12-19B）。

卵：长约0.45mm，长椭圆形，黄色。

若虫：无翅，初孵若虫浅黄色，后变橙红色，触角、尾管黑色。前蛹较2龄若虫短，浅红色，翅芽显露，伪蛹触角伸向头两侧，翅芽增长，色深。

为害特征：成虫、若虫为害八角等寄主植物幼嫩部位，吸食汁液。叶片受害后出现无数银白色斑点或产生水渍状黄斑，严重的内叶不能展开，嫩梢干缩。花受害后，花冠产生灰白点，花瓣卷缩。

3.榕端宽管蓟马 *Mesothrips jordani* Zimmermann

成虫：雌虫体长3mm，前足腿节粗壮。体黑棕色，触角8节，其3～4节端部较膨大；触角3节、4～6节基半部黄色，4～6节端部暗黄至棕色。复眼和单眼色淡，前翅无色，前足胫节较黄，各足跗节黄色；体鬃暗。头长为宽的1.7倍，两颊近乎直，单眼间有些线纹，眼后横纹轻。复眼较大，单眼区隆起。单眼间鬃、单眼后鬃和其他头鬃均小。前胸背片前部和两侧有微弱线纹，背片鬃8根。前翅中部略收缩，间插缨17根。前足腿节粗，前足胫节短而粗，前足跗节内缘齿大。腹部2～4节背片和腹片横线纹和网纹很微弱，2～7节各有大握翅鬃2对，前对握翅鬃外侧有许多小鬃（图12-19C）。

卵：长筒形。

若虫：共4龄；第四龄称伪蛹；触角往后折于头背面，第一节较粗于其他节。前足腿节特别膨大，腹部背面有2个暗斑。

为害特征：成虫和若虫刺吸榕属植物嫩叶和幼芽的汁液，影响叶片光合作用和植株生长发育。

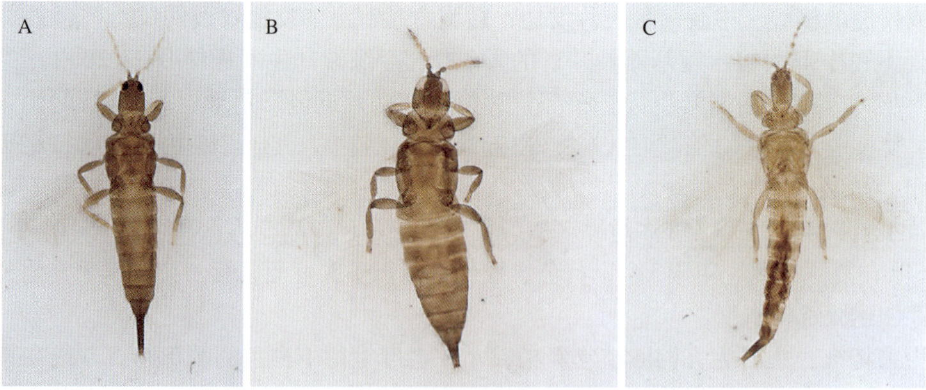

图12-19 蓟马类昆虫
A.榕管蓟马 B.华简管蓟马 C.榕端宽管蓟马

（十一）叶螨类

二斑叶螨 *Tetranychus urticae* Koch

成螨：雌虫体椭圆形，体长0.4～0.5mm；越冬代的雌虫体色为橙红色，越夏代的雌虫体色为黄绿色或深绿色，体壁两侧各有1个“山”字形黑斑。雄虫体近似菱形，小于雌虫，体色多为绿色，末端尖削（图12-20）。

卵：圆球形，黄白色，即将孵化前两个红色眼点清晰可见。

幼螨：体半球形，3对足，刚孵化呈淡黄色，后变黄绿色，体壁两侧各有1个深绿色斑块。

若螨：体椭圆形，4对足，灰绿色，具2个斑。

为害特征：若螨、成螨群聚于板栗和核桃等寄主植物叶背刺吸汁液，使叶片呈灰白色或枯黄色细斑，严重时叶片干枯脱落，并在叶上吐丝结网。

图12-20　二斑叶螨
A.雌螨　B.雄螨

四、作业

1. 阐述松突圆蚧、矢尖蚧、考氏白盾蚧、湿地松粉蚧、扶桑绵粉蚧、日本龟蜡蚧、红蜡蚧的鉴别特征。

2. 列表比较黑尾大叶蝉、大青叶蝉、灰同缘小叶蝉外部形态特征的区别。

3. 列表比较眼纹广翅蜡蝉、缘纹广翅蜡蝉、八点广翅蜡蝉、白蛾蜡蝉外部形态特征的区别。

实验十三 | *Experiment 13*

森林主要种实害虫的识别

一、实验目的

1.通过观察松树、核桃和板栗等主要种实害虫卵、幼虫、蛹和成虫的标本，掌握主要种实害虫的外部形态特征。

2.通过观看彩印照片、挂图和数码高清照片等，观察主要种实害虫的为害状，掌握主要种实害虫的为害特征。

二、实验材料和工具

（一）实验材料

①螟蛾类：松果梢斑螟、桃蛀螟和微红梢斑螟。

②卷蛾类：松实小卷蛾、松梢小卷蛾。

③象甲类：核桃长足象、栗实象。

④举肢蛾类：核桃举肢蛾。

（二）实验工具

双目体视镜、放大镜、解剖针、镊子、培养皿、泡沫板等。

三、实验内容

分别取观察对象的各虫态标本，依次识别其主要鉴别特征，成虫、卵、幼虫和蛹采用目视法直接观察，当目视法无法观察到细微的特征时，可将其置于培养皿或泡沫板上，用手持放大镜观察，或在双目体视镜下观察；观察其为害状的标本或图片，识别其为害特征。

（一）螟蛾类

1.松果梢斑螟 *Dioryctria mendacella*（Staudinger）

成虫：体灰色或灰白色，体长19 ~ 12mm，翅展20 ~ 24mm。头灰褐色，无竖起的鳞毛，雄虫触角黑褐色，锯齿状；雌虫触角灰褐色，丝状。前翅赤褐色，具光泽，亚基线、内横线和外横线为灰白色的波状纹，中室端脉斑为不甚明显的灰白色的肾形纹；后翅前缘、外缘和后缘深灰色，翅中部至基部灰白色；前后翅缘毛深灰色（图13-1A）。

卵：圆形，淡黄色，卵壳表面具不规则橙红色的弯曲条纹。

幼虫：共5龄，1龄幼虫体棕黄色，头黄褐色；2龄幼虫体灰褐色，头棕黄色；3 ~ 5龄幼虫体黑色且具明亮光泽；腹末2节背板棕黄色（图13-1B）。

蛹：赤褐色，长9 ~ 11mm，腹末黑褐色，腹部8 ~ 9节间有1个椭圆形横向的黑色脊起。腹末着生6根钩状臀棘，中间2根较长（图13-1C）。

为害特征：幼虫蛀食松树嫩梢及球果。嫩梢受害后弯曲、枯萎和倒伏；主梢受害后会秃顶，丛生呈扫帚状；球果受害可导致畸形或干缩，不能结实（图13-1D）。

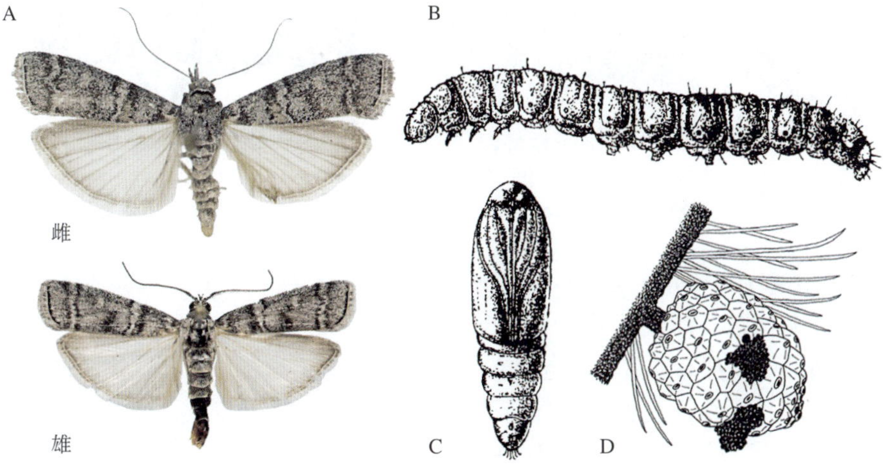

图13-1 松果梢斑螟

A.成虫 B.幼虫（仿袁荣兰等） C.蛹（仿袁荣兰等） D.幼虫蛀果为害状（仿Dionisio）

2.桃蛀螟 *Conogethes punctiferalis*（Guenée）

成虫：体黄色至橙黄色，体长10 ~ 15mm，翅展20 ~ 26mm。下唇须外侧浅黄色。胸、腹和翅上散生许多黑色斑点，前翅黑色斑点25 ~ 28个，后翅15 ~ 16个。雄虫后足胫节无毛丛；腹部第一节和3 ~ 6节背面各有3个黑点，第七节1个黑点，第二和第八腹节无黑点。雄虫腹部末端有黑色毛丛，雌虫无且腹部末端圆锥形（图13-2A）。

卵：长椭圆形，卵壳表面被细密而不规则的网状纹。初产时乳白色，近孵时红褐色（图13-2B）。

幼虫：体色多变，有暗红色、淡灰褐色和浅灰蓝色等。中、后胸及腹部1 ~ 8节着生有褐色毛片6个，排列成2横列，前列4个，后列2个（图13-2C）。

蛹：纺锤形，长10 ~ 14mm，初化蛹时淡黄绿色，后变深褐色。头、胸和腹部1 ~ 8节背面密布细小突起，5 ~ 7腹节前后缘有1条刺突；腹部末端有细长且卷曲的臀棘6根（图13-2D）。

为害特征：幼虫蛀食澳洲坚果、核桃和板栗等植物的果实，被害果易变色和落果。幼虫排泄在果皮外的粪便也影响果实的产量和品质（图13-2E）。

图13-2 桃蛀螟
A.成虫 B.卵（ShashankPR供图） C.幼虫 D.蛹（ShashankPR供图） E.板栗受害状

3.微红梢斑螟 *Dioryctria rubella* Hampson

成虫：体灰褐色。雌虫体长10 ~ 16mm，翅展26 ~ 30mm；雄虫略小。触角丝状，雄虫触角有细毛，基部有鳞片状突起；前翅灰褐色，有3条灰白色波纹状横带，中室有1个灰白色肾形斑，后缘近内横线内侧有1个黄斑，外缘黑色；后翅灰白色，无斑纹，第二、第三中脉共柄；足黑褐色（图13-3A）。

卵：椭圆形，黄白色，有光泽，近孵化时樱红色。

幼虫：共5龄。体淡褐色，少数为淡绿色。头及前胸背板褐色，中、后胸及腹部各节有4对褐色毛片，背面的2对较小，呈梯形排列；侧面的2对较大，毛片上着生短刚毛（图13-3B）。

蛹：黄褐色，长11 ~ 15mm。腹端有一深色横骨片，生有3对小钩，中央一对较长。末节背面有粗糙横纹（图13-3C）。

为害特征：幼虫钻蛀松树嫩梢及球果，以幼林受害严重（图13-3D）。多为害主梢，侧枝丛生呈扫帚状，久之形成被压木，生长停滞；也为害侧枝，造成松针黄褐色、干枯，易风折。

图13-3 微红梢斑螟
A.成虫 B.幼虫（徐杰供图） C.蛹 D.松树受害状

（二）卷蛾类

1.松实小卷蛾*Retinia cristata* Walsingham

成虫：体黄褐色，体长5～9mm，翅展12～20mm。头部深黄色，头顶有土黄色冠丛；复眼红褐色；下唇须黄褐色。触角丝状；前翅有红褐色和银灰色斑纹，翅中央有1条较宽的银灰色横带；前缘近顶角处有3条银灰色短横纹，臀角处有一椭圆形银色斑，斑内有3条短横线；后翅暗灰色，无斑纹（图13-4A）。

卵：椭圆形，长约0.8mm，黄白色，半透明，近孵化时为红褐色（图13-4B）。

幼虫：高龄幼虫头部和前胸背板黄褐色，胴体淡黄色，体表光滑，无斑纹；趾钩单序环（图13-4C）。

蛹：纺锤形，长6～11mm，初期茶褐色，近羽化时变成茶褐色。除臀节外，各腹节背面的前后缘上均具有1列棘刺。腹部末端有3个小齿突，臀刺6根（图13-4D）。

为害特征：幼虫蛀食松树当年新梢和球果，影响树势，造成种子减产。新梢受害后，枯黄弯曲或枯萎，呈倒钩状。幼虫从球果中部咬入，先啃果皮，在啃咬处四周吐丝1圈，将咬下的碎屑粘于丝上。随后钻入孔洞，头向上继续蛀食，不断地吐丝，将碎屑及粪便推出洞口，废弃物与洞口的松脂凝集成漏斗状（图13-4E）。

图13-4 松实小卷蛾（引自阙秀如）
A.成虫 B.卵 C.幼虫 D.蛹 E.松果受害状

2.松梢小卷蛾*Rhyacionia pinicolana*（Doubleday）

成虫：体红褐色，体长8～11mm，翅展20～32mm。触角丝状，达前翅中部；复眼球形，黑褐色；下唇须前伸，第二节长，中间膨大呈弧形，末节亦长，末端尖，外侧赤褐色，内侧黄色；前翅狭长，红褐色，有银色条纹和钩状纹；后翅深褐色，有灰白色缘毛（图13-5A）。

卵：扁椭圆形，初产橙黄色，后渐变成淡黄色，孵化前变为淡黑色（图13-5B）。

幼虫：头部浅红褐色，前胸背板暗褐色。胸、腹部黄褐色。腹部末节上的刚毛片细小。腹足趾钩双序全环，臀足趾钩双序缺环（图13-5C）。

蛹：纺锤形，长9～13mm，初期棕褐色，后期灰黑色。2～8腹节背面各有2列齿突，前列大，排列稀疏，后列小且紧密；9～10腹节背面仅有1列齿突，腹部末端有臀棘12根（图13-5D）。

为害特征：幼虫孵化后迅速蛀入松树松针叶鞘，取食幼嫩的嫩皮、梢心或芽苞。取食前先吐丝，然后啃咬叶表皮，并将啃下的碎屑粘于丝上，逐渐形成一个小室，藏于其中。部分幼虫还会吐丝将数束松针缀合在一起，藏匿于其中取食为害，造成当年生嫩梢萎蔫或芽苞枯死，致使受害木树势减弱。

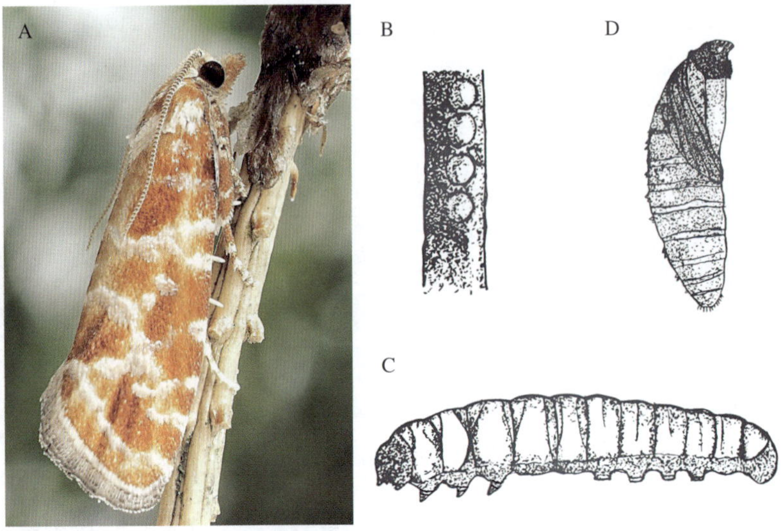

图13-5　松梢小卷蛾
A.成虫　B.卵（仿李成德）　C.幼虫（仿李成德）　D.蛹（仿李成德）

（三）象甲类

1.核桃长足象 *Alcidodes juglans* Chao

成虫：体长9 ~ 12mm。鞘翅褐色至黑色，略有光泽；每鞘翅上有突起的刻点，盾片两侧鞘翅基部延伸至前胸基部；喙长3.4 ~ 5.0mm，密布刻点，长于前胸，喙管略弯曲；雌虫的喙管长于雄虫；喙长度及与触角连接点的位置可作为雌雄两性识别的标志，雌虫触角与喙的连接点位于喙的中部，雄虫触角与喙的连接点位于靠近头部1/3处（图13-6A）。

卵：椭圆形，长1.2 ~ 1.4mm，表面光滑呈半透明状。初产时乳白色，孵化前呈黄褐色。

图13-6　核桃长足象（杨再华供图）
A.成虫（雌）　B.幼虫　C.蛹　D.核桃受害状

幼虫：高龄幼虫乳白色，体长9.8 ~ 15.2mm；体肥胖，表皮光滑，略弯曲呈“C”字形；有气门8对，十分明显（图13-6B）。

蛹：乳白色，体长13.0 ~ 14.8mm。体略弯曲，喙明显延长至中基节，前胸背板近四边形，宽是长的2倍，双侧边缘波状，中背板几乎是前背板的1/3。尾突略延长，前端硬化（图13-6C）。

为害特征：幼虫蛀果为害，蛀孔圆形，孔中流出褐色汁液，果实不能成熟（图13-6D）。嫩枝及叶柄受害后则枯死脱落。

2.栗实象 *Curculio davidi* Fairmaire

成虫：体黑褐色，体长7 ~ 9mm，喙细长，近乎与体等长。雌虫的喙长于雄虫。触角膝状，11节，雌、雄虫触角分别着生在喙的1/3和1/2处，端部3节膨大。前胸背板后缘两侧各有1个半圆形白斑纹，与鞘翅基部的白斑纹相连；鞘翅外缘近基部1/3处有1条白色横斑纹，斑纹均由白色鳞片组成；鞘翅上各有10条刻点组成的纵沟。体腹面被有白色鳞片；足黑色细长，被白色鳞片，腿节呈棍棒状（图13-7A）。

卵：椭圆形，表面光滑有光泽，初产时透明状，孵化前变成乳白色。

幼虫：纺锤形，乳白色，头部黄褐色，无足，体多横向褶皱，疏生短毛，受惊扰时常收缩成“C”字形（图13-7B）。

蛹：长7 ~ 10mm，初期乳白色，后期灰黑色。复眼黑色，喙伸向腹部下方。

为害特征：成虫先取食板栗花蜜，后取食子叶，形成不规则缺刻。产卵后板栗果皮上有明显的圆孔。幼虫为害栗实，内部有较大的坑道，充满褐色粉状虫粪；高龄幼虫脱果前咬食果皮形成直径2 ~ 3mm的圆孔，爬出果外，钻入土内筑室化蛹（图13-7C）。

图13-7　栗实象
A.成虫（雄，任向明供图）　B.幼虫　C.板栗受害状

（四）举肢蛾类

核桃举肢蛾 *Atrijuglans hetaohei* Yang

成虫：体黑褐色，有金属光泽，体长5 ~ 8mm，翅展12 ~ 14mm。复眼红色；触角丝状，淡褐色；下唇须发达，银白色，向上弯曲，超过头顶。翅狭长，缘毛很长；前翅端部1/3处有1个半月形白斑，基部1/3处还有1个椭圆形小白斑（有时不显）。前、后翅缘毛均较长。腹部背面有黑白相间的鳞毛，腹面银白色（图13-8A）。足白色，后足很长，胫节和跗节具环状黑色毛刺，静止时胫、跗节向侧后方上举，并不时摆动（图13-8B）。

卵：椭圆形，长0.3 ~ 0.4mm，初产时乳白色，渐变黄白色、黄色或淡红色，近孵化时呈红褐色（图13-8C）。

幼虫：初孵时体长约1.5mm，乳白色，头部黄褐色。成熟幼虫体长7.5 ~ 9.0mm，头部暗褐色，胴部淡黄色，背面略显粉红色，被有稀疏白色刚毛。腹足趾钩单序全环，臀足趾钩单序横带（图13-8D）。

蛹：体长4 ~ 7mm，纺锤形，黄褐色（图13-8E）。

茧：褐色，椭圆形，长8 ~ 10mm，常黏附草屑及细土粒。在较宽的一端有一道黄白色缝合线（图13-8F）。

为害特征：幼虫蛀入早期果实为害时，蛀孔处流出透明或琥珀色液体，被害果青皮皱缩、变黑、提前脱落。果皮硬化后受害时，果实表面黑化内陷（图13-8G），内部充满黑色排泄物（图13-8H），形成“黑核桃”。

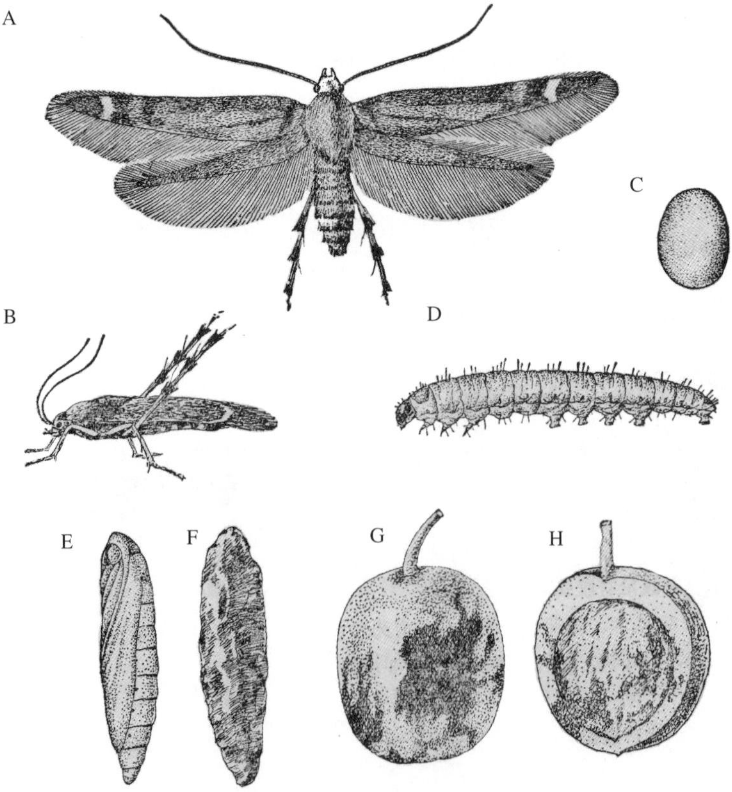

图13-8 核桃举肢蛾（仿中国农作物病虫害）
A、B.成虫 C.卵 D.幼虫 E.蛹 F.茧 G、H.核桃果受害状

四、作业

1. 列表比较松果梢斑螟、桃蛀螟、微红梢斑螟成虫外部形态特征的区别。
2. 列表比较核桃长足象和栗实象成虫外部形态特征的区别。

实验十四 | *Experiment 14*

森林主要蛀干害虫的识别

一、实验目的

1.正确识别松树、杉木、桉树、八角、板栗、油茶、竹类、核桃和棕榈科植物等重要林木的主要蛀干害虫的卵、幼虫、蛹和成虫，并掌握其成虫和幼虫的主要鉴别特征。

2.通过观察林木蛀干害虫的为害状、彩印照片、挂图、数码高清照片，掌握主要蛀干害虫的为害特征。

二、实验材料和工具

（一）实验材料

①天牛类：松褐天牛、粗鞘双条杉天牛、云斑白条天牛、星天牛、桑天牛、眉斑并脊天牛。

②象甲类：锈色棕榈象、褐纹甘蔗象、松瘤象、大竹象、马尾松角胫象。

③小蠹类：松树材小蠹。

④蠹蛾类：咖啡豹蠹蛾、相思拟木蠹蛾。

⑤蝙蝠蛾类：桉蝙蛾。

（二）工具

双目体视镜、放大镜、解剖针、镊子、培养皿、泡沫板等。

三、实验内容

分别取观察对象的各虫态标本，依次识别其主要鉴别特征。成虫、卵、幼虫、蛹采用目视法直接观察，当目视法无法观察到细微的特征时，可将其置于培养皿或泡沫板上，用手持放大镜观察，或在双目体视镜下观察。观察其为害状标本或图片，识别其为害特征。

（一）天牛类

1.松褐天牛 *Monochamus alternatus* Hope

成虫：体长15 ~ 28mm，体橙黄色至赤褐色。触角棕栗色，雄虫第一、第二节全部和第三节基部具有稀疏的灰白色绒毛，雌虫除末端2、3节外，其余各节大部被灰白毛，但末端小环深色；雄虫触角超过体长1倍以上，雌虫触角约超过体长1/3；前胸背板有2条宽阔的橙黄色纵纹，与3条黑色纵纹相间；每一鞘翅具5条纵纹，由方形或长方形的黑色及灰白色绒毛斑点相间组成（图14-1A）。

卵：长约4mm，乳白色，长椭圆形（图14-1B）。

幼虫：高龄幼虫体长约43mm；体乳白色（图14-1C）；头黑褐色，前胸背板褐色，中央有波状横纹（图14-1D）。

蛹：离蛹；体长20 ~ 26mm；乳白色（图14-1E）。

为害特征：主要以幼虫为害衰弱松树输导组织的韧皮部及木质部，破坏营养物质和水分的传导，造成树木枯死。1龄幼虫在内皮取食；2龄在边材表面取食，在内皮和边材形成不规则的平坑，导致树木输导系统受破坏；3 ~ 4龄幼虫侵入木质部3 ~ 4cm后向上或向下蛀成纵坑道，纵坑长5 ~ 10cm，然后弯向外蛀食至边材，形成“U”字形坑道，后在坑道末端筑室化蛹。

携带松材线虫的成虫在取食补充营养过程中，可通过啃食健康松树嫩枝，将其体内携带的松材线虫传入健康松树，造成松材线虫病疫情的扩散。

图14-1　松褐天牛

A.成虫（雌）　B.卵　C.幼虫　D.幼虫前胸背板　E.蛹

2.粗鞘双条杉天牛 *Semanotus sinoauster* Gressitt

成虫：体长12 ~ 23mm，体形扁阔。头黑色，触角黑褐色；雌虫触角约为体长的一半，雄虫触角约与体等长；前胸背板两侧圆弧形，具有较长的淡黄色绒毛，背中部具5个光滑的疣突，呈梅花形排列；鞘翅中部及端部各具一黑色宽带纹，中部黑色带的刻点几乎与其后棕黄色部分的刻点间隙等大（双条杉天牛鞘翅中部黑色带的刻点比其后棕黄色处的刻点密3倍左右）（图14-2A）。

卵：长椭圆形，后端尖细，长2 ~ 3mm；初产时乳白色，后渐变为淡黄色，半透明。

幼虫：高龄幼虫体长25 ~ 35mm，乳白色或淡黄色，体呈扁圆筒形；前胸较头部及其他各体节宽，侧缘略呈半圆形；背板具一个“ㄩ”形的凹型槽，其前端具2个黄褐色骨化区（图14-2B）。

蛹：离蛹；体长20 ~ 25mm；淡黄色，下颚倾于前胸下，口器向后，触角向后伸展达腹部第二节。

为害特征：主要为害杉木和柳杉。幼龄幼虫为害木质部和形成层交接处，造成扁平不规则的虫道，树干受害后树皮易剥落；高龄幼虫蛀食至木质部，使树干内形成空洞，衰弱木被害后，上部枯死，连续为害可导致整株树死亡（图14-2C）。

图14-2 粗鞘双条杉天牛
A.成虫（雄） B.幼虫 C.杉木受害状

3.多斑白条天牛 *Batocera horsfieldi*（Hope）

成虫：体大型，体长32 ~ 65mm，体黑褐色。密被灰白色和灰褐色绒毛；头部中央有1条纵沟；雄虫触角超过体长约1/3，雌虫触角略超过体长，各节下方生有稀疏细刺；前胸背板中央有1对白色或浅黄色肾形斑，侧刺突大而尖锐；鞘翅基部密布大小不等的瘤状颗粒，肩刺大而尖端略斜向后上方；鞘翅具白色或浅黄色绒毛组成的大小不等的云彩状白斑；虫体两侧自复眼后方起至最后1个腹节有1条由白色绒毛组成的阔纵带（图14-3A）。

卵：长椭圆形，稍弯，一端略细，长6 ~ 10mm；初产时乳白色，后渐变成黄白色（图14-3B）。

幼虫：高龄幼虫体长70 ~ 90mm；淡黄白色，粗肥多皱，圆筒形；前胸背板淡棕色，略呈方形，有大小不一的不规则褐色颗粒，前端近中线两侧各有1个白点（图14-3C）。

蛹：离蛹；体长40 ~ 70mm；淡黄白色，头部及胸部背面有稀疏棕色刚毛，腹部1 ~ 6节背面中央两侧密生棕色刚毛；末端锥状（图14-3D）。

为害特征：主要为害桉树和核桃等植物。成虫啃食被害树新枝嫩皮。初孵幼虫蛀食桉树韧皮部，表现为树干基部地面有散落的木屑状排泄物，距地面20 ~ 50cm树干上的排泄孔有新鲜的排泄物（图14-3E）；幼虫蛀食核桃树后，受害处变黑胀裂（图14-3F），排出树液和虫粪，1个月左右蛀入木质部为害，轻则影响树木生长，重则使林木遇风易倒伏或枯死。

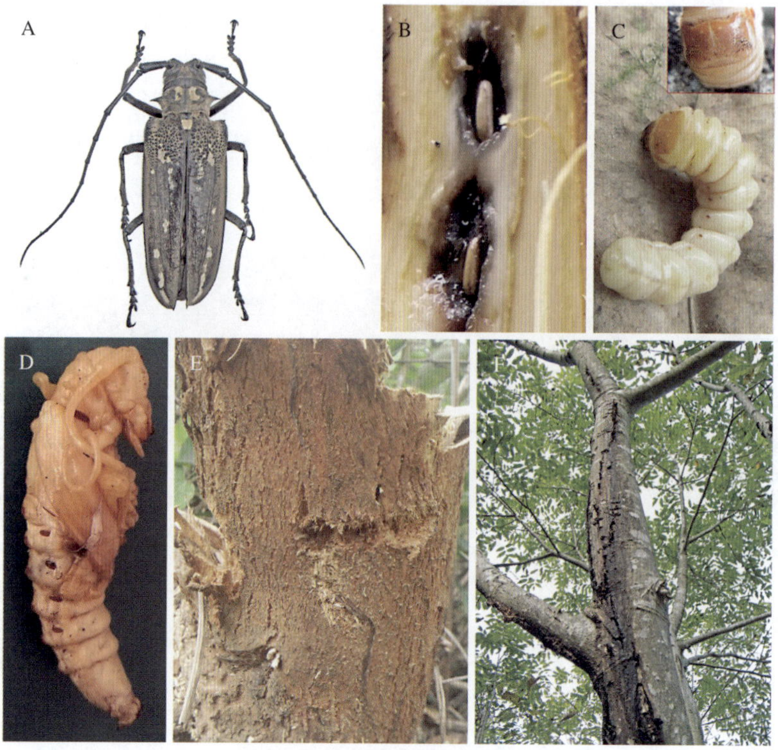

图14-3 云斑白条天牛

A.成虫（雌） B.卵 C.幼虫 D.蛹 E、F.桉树和核桃受害状

4.星天牛*Anoplophora chinensis*（Forster）

成虫：体长19 ~ 45mm，体黑色，有光泽。头部和身体腹面被银白色和部分蓝灰色细毛；触角鞭状，第一、第二2节黑色，其他各节基部1/3有淡蓝色的毛环，其余部分黑色；雌虫触角超出身体1 ~ 2节，雄虫触角超出身体4 ~ 5节；前胸背板中瘤明显，两侧具尖锐粗大的侧刺突；鞘翅基部具黑色颗粒状小突起；每翅具大小白斑约20个，排成不整齐的5横行，第一～二行各有4个，第三行有5个斜形排列，第四行有2个，第五行有3个（图14-4A）。

卵：长椭圆形，长5 ~ 6mm；初产时乳白色，后渐变为黄白色（图14-4B）。

幼虫：高龄幼虫体长38 ~ 67mm；扁圆筒形，乳白色至淡黄色；头部褐色；前胸背板后部有1个明显的“凸”字形，其前方有1对形似飞鸟的黄褐色斑纹（图14-4C）；足略退化。

蛹：离蛹；纺锤形，体长22 ~ 42mm；初为黄白色，羽化前逐渐变为黄褐色；翅芽超过腹部第三节后缘；体形似成虫。

为害特征：主要为害苦楝、杨树、柳树、榆树、法国梧桐、板栗等树木。成虫最喜食苦楝嫩枝条皮层，较少取食叶片；初孵幼虫首先取食卵壳和韧皮部被黏液侵迹变色部分，后在皮下取食新鲜韧皮部，形成不规则虫道，内充满虫粪，约30d后开始蛀入木质部，向上或向下达根部形成不规则虫道，常有1 ~ 3个进气孔并从中排出似锯木屑状的粪便，幼虫喜在地面20cm以下的主干上为害，常造成整株树枯死。

图14-4 星天牛
A.成虫（雄） B.卵 C.幼虫

5.桑天牛 *Apriona germari* Hope

成虫：体长34 ～ 51mm，体黑色，密被黄褐色或青棕色短毛。头部中央纵沟明显；触角第三节起，基部1/3呈白色，后半部黑褐色；雄虫触角超过体长，雌虫触角与身体等长；前胸背板宽胜于长，中区前、后横沟之间有明显不规则横皱纹或横脊，侧刺突发达；鞘翅基部1/4 ～ 1/3处有黑色光亮的瘤状颗粒；翅端缘凹入，缝角及缘角呈刺状突起（图14-5A）。

卵：椭圆形，长6 ～ 7mm，稍扁平，弯曲（图14-5B）。

幼虫：高龄幼虫体长70mm；圆筒形，头部黄褐色；前胸大，方形，背板上密被黄褐色刚毛和赤褐色点粒，并有凹陷的“小”字形（图14-5C）。

蛹：离蛹；长约50mm，淡黄色（图14-5D）。

为害特征：成虫啃食嫩梢树皮，被害伤疤呈不规则条块状，伤疤边缘残留绒毛状纤维物，如枝条四周皮层被害，即凋萎枯死；雌虫产卵前先用上颚咬破枝干皮层和木质部，咬出“U”字形刻槽，卵即产于刻槽中，槽深达木质部，对树木造成伤害。初孵幼虫先向上蛀食10mm左右，随后调头沿枝干木质部的一侧往下蛀食，逐渐深入心材，如植株较矮小，则可向下蛀达根部；幼虫在蛀道内，每隔一定距离向外咬一圆形排泄孔，粪便由此孔向外排出；排泄孔径随幼虫虫体增长而扩大，孔间距离则自上而下逐渐增长。寄主被害后，生长不良，树势早衰，木材利用价值降低。

图14-5 桑天牛
A.成虫（雌） B.卵 C.幼虫 D.幼虫前胸背板 E.蛹

6.眉斑并脊天牛*Glenea cantor*（Fabricius）

成虫：雄虫体长11 ~ 14mm，雌虫体长14 ~ 17mm，体被乳白或乳黄色绒毛。头顶中央具一细长的黑纵条形斑，额中区的黑斑较小，长椭圆形，额区前缘具一较大黑斑；复眼上叶之后各具1条较短阔纵黑斑；雄虫触角第九节到达鞘翅末端，雌虫第九节远不达鞘翅末端；前胸背板宽略大于长，具两排黑斑，每排6个，中央具一前宽后窄的黑色短纵斑；鞘翅黄褐色，具刻点列，肩角黑褐色；鞘翅端部具灰白色毛斑及2个黑斑，其中后面的黑斑被灰白毛斑包围；雌虫腹部第五节腹板中央具一黑色纵沟，后缘宽平（图14-6A）。

卵：长橄榄形，长2.3 ~ 2.5mm；初产时为乳白色，壳软，后逐渐变硬，临孵化时，卵的一端出现黑点（图14-6B）。

幼虫：体长圆筒形，向后渐狭，高龄幼虫体长17 ~ 26mm；体橙黄色；前胸背板横宽，前区光滑，后区密布褐色粗颗粒，在侧沟之间呈“凸”字形，颗粒分布较均匀，往后颗粒渐细小；腹部背泡突显著突起；背面具2条横沟（图14-6C）。

蛹：纺锤形，体长13.0 ~ 18.4mm；橙黄色；头部略弯向前胸腹面；头顶浅凹陷，隐约可见中央纵沟，表面光滑；触角向后弯紧贴身体两侧，在腹部基部向下弯，至鞘翅中后部折向前方，再弯至前足基部；胸足贴于身体腹侧方，后足腿节端部伸至第六腹节（图14-6D）。

为害特征：成虫主要啃食嫩叶柄或嫩枝皮层。幼虫孵出后，先在树木韧皮部处取食，后蛀食茎干木质部，往往导致树干皮层被蛀空，严重时可致整株树枯死。

图14-6　眉斑并脊天牛
A.成虫　B.卵　C.幼虫　D.蛹

（二）象甲类

1.锈色棕榈象 *Rhynchophorus ferrugineus*（Olivier）

成虫：体长 30 ~ 35mm，体红褐色，光亮或暗。头部前端延伸成喙，雄虫的喙粗短且直，喙背有一丛毛，雌虫喙无毛，较细长且弯曲；触角柄节和索节黑褐色，棒节红褐色；前胸前缘细小，向后缘逐渐宽大，略呈椭圆形；前胸背板上的黑斑多变化，一般有6个小黑斑排列2行，前排3个，两侧的较小，中间的较大，后排3个较大，或无斑；鞘翅边缘和接缝黑色，有时鞘翅全部暗黑褐色（图14-7A）。

卵：长椭圆形，乳白色，表面光滑（图14-7B）。

幼虫：高龄幼虫体长40 ~ 45mm；黄白色，头暗红褐色；体肥胖，纺锤形，胸足退化（图14-7C）。

蛹：体长35mm左右；初化蛹时乳白色，后逐渐变褐色（图14-7D）。

茧：长50 ~ 95mm，呈长椭圆形，由树干纤维构成（图14-7D）。

为害特征：主要为害棕榈科植物，亦可为害甘蔗。幼虫在棕榈科植物树心或叶鞘内部蛀食为害，造成整树发黄枯死。

图14-7 锈色棕榈象
A.成虫（雌） B.卵 C.幼虫 D.蛹和茧

2.褐纹甘蔗象 *Rhabdoscelus lineaticollis*（Heller）

成虫：体长约15mm，体赭红色，具黑褐色和黄褐色纵纹。前胸背板中央具1条明显的黑色纵纹，纵纹基部1/2 扩宽，中间具有1个明显的黄褐色纵纹；鞘翅赭红色，2、3行间基部的1/3，4、6行间近基部，2 ~ 6行间的端部1/3处以及8、9行间的端部1/2和10行间的基部1/2均具明显黑褐色纵纹；臀板外露，具明显深刻点，端部中间刚毛组成脊状（图14-8A）。

幼虫：高龄幼虫体长15 ~ 20mm；无足，略呈纺锤形，腹部中央突出；头部呈红棕色，椭圆形，上颚红棕色；前胸背板呈淡黄褐色；胴部为乳白色（图14-8B）。

蛹：长约13mm，宽6mm；体色呈土黄色略带白色，具赭红色瘤突；腿节末端外部有突刺，较体色略暗（图14-8C）。

为害特征：幼虫钻蛀棕榈科植物主干和甘蔗基部蔗茎为害，造成植株生长发育不良，遇风易倒伏，严重时造成植株枯死。

图14-8　褐纹甘蔗象
A.成虫　B.幼虫　C.蛹

3.松瘤象 *Sipalus gigas* L.

成虫：体长15 ~ 25mm（不包含喙），体黑色，具灰褐色斑纹。喙长，向下弯曲，基部1/3较粗，灰褐色，粗糙无光泽，端部2/3平滑，黑色并具光泽；触角沟位于喙下方，触角着生于喙基部1/3处；前胸背板长大于宽，具粗大的瘤状突起，中央有一光滑纵条；小盾片极小；鞘翅基部比前胸背板宽，刻点间具稀疏、交互着生的小瘤突，每2条刻点列间稍隆起，其上具突起的黑色纹和瘤突（图14-9）。

图14-9　松瘤象

卵：长3 ~ 4mm；白色。

幼虫：高龄幼虫体长约27mm；乳白色，头部黄褐色；肥大肉质；足退化，腹部末端有棘状突起3对。

蛹：体长15 ~ 25mm；乳白色；腹末有2个向下的尾状突。

为害特征：幼虫孵化后先蛀食韧皮部和木质部表层，随后逐渐向木质部深处为害，可蛀入心材。蛀道直径随虫体增大而增宽，蛀屑颗粒较大，多堆积在受害树干外面，散落在地表。直径越大的带皮松木及伐根受害越严重。受害后，树势衰弱，影响材质。

4.大竹象 *Cyrtotrachelus longimanus* Fabricius

成虫：体长20 ~ 34mm，体橙黄色、黄褐色或黑褐色。前胸背板后缘中央具一黑色斑；鞘翅外缘不圆，呈截形；鞘翅臀角钝圆，无尖刺，两翅合并时中间凹陷；前足腿节和胫节较中、后足的腿节和胫节长，前足胫节内侧棕色毛短而稀（图14-10）。

图14-10　大竹象

卵：长椭圆形，长径3 ~ 4mm，乳黄色，具光泽。

幼虫：高龄幼虫体长38 ~ 48mm；淡黄色，头黄褐色；前胸背板上有1个黄色大斑纹；体背有1条隐约可见的灰色背线。

蛹：体长34 ~ 45mm；土黄色；喙、触角折藏于前胸下方。

为害特征：主要为害丛生竹子类的竹笋。成虫在笋外啃食笋肉；幼虫在笋中蛀食为害，造成大量退笋、畸形竹和断头竹。

5.马尾松角胫象 *Shirahoshizo patruelis* Voss

成虫：体长5.5 ~ 6.2mm，体暗红褐色，被覆红褐色、白色和直立的黑褐色鳞片，黑褐色鳞片在前胸背板比较浓密，在鞘翅仅集成少数点片。喙长约与前胸等长，很弯；触角比较短，柄节未达到眼，棒节卵形，密被绒毛，节间缝不明显；前胸背板中线两侧中间通常各有2个白斑；小盾片圆形，具明显的中隆线，被覆鳞片；鞘翅中央前、后各有2个由白色鳞片组成的小斑点（图14-11A）。

卵：卵圆形；乳白色。

幼虫：高龄幼虫体长7 ~ 12mm；头部黄褐色，上颚黑褐色，胴部黄白色，略弯曲；前胸背板淡黄色，中、后胸及腹部各节具皱褶；气门淡黄褐色（图14-11B）。

蛹：体长5 ~ 10mm，椭圆形；黄白色；复眼红褐色。腹部1 ~ 7节背板侧缘各具1个小瘤突，每个瘤突的顶端着生1根黄色刚毛。臀节末端具1对刺突（图14-11B）。

为害特征：幼虫钻蛀树势衰弱的松树主干韧皮部，形成不规则的坑道。严重时，造成树皮与边材脱离，导致松树枯死（图14-11C）。

图14-11 马尾松角胫象
A.成虫背面观和侧面观 B.幼虫、蛹及蛀道 C.松树受害状

（三）小蠹类

松树材小蠹 *Xyleborus festivus* Eichhoff

成虫：体长3.5 ~ 4.0mm，体红棕色至深棕色，被淡黄色至金黄色细长、稀疏且分布较均匀的绒毛，额部绒毛略密。前胸背板和头部颜色较鞘翅略浅，前胸背板前缘圆凸，前半部分为瘤区，后半部分为刻点区。小盾片表面光亮，近正三角形，末端钝圆。足棕黄色，前足胫节斜三角形，外缘具4 ~ 5个不明显的小齿；中足胫节斜三角形，具6 ~ 9个明显小齿；后足胫节圆，外缘具6 ~ 9个不明显小齿。鞘翅两侧缘平行，鞘翅末端斜面较陡；斜面1 ~ 3沟间部从基部到中间横向变宽，随后从中间到端部横向变窄，有些个体变化不明显；斜面1 ~ 3 沟间部有5 ~ 6 个微小齿突，齿突高度近似，上下排成纵列；斜面第二沟间部具小齿1 ~ 5个，齿较小，位置不固定。雄虫较雌虫略小，前胸背板前缘中部有1个角状突起（图14-12）。

为害特征：为害病树和衰弱树，在被割松脂的马尾松上发生较多。蛀道与树干垂直，蛀道周围的植物组织变黑。

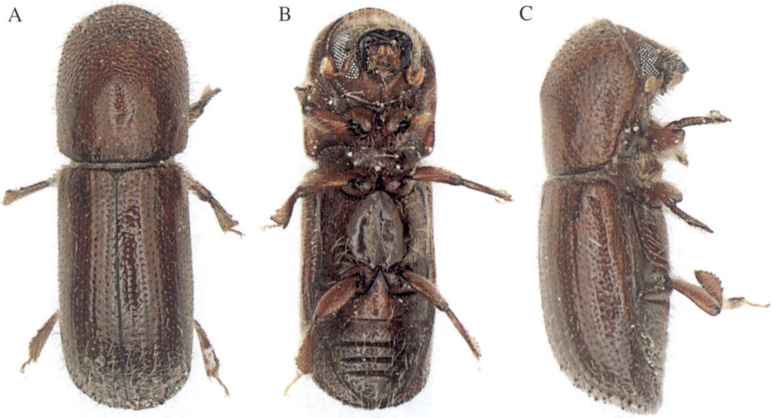

图14-12　松树材小蠹（雌）
A.背面观　B.腹面观　C.侧面观

（四）蠹蛾类

1.咖啡豹蠹蛾 *Zeuzera coffeae* Nietner

成虫：体长15 ~ 18mm，体灰白色。胸部背面有3对青蓝色斑；腹部白色，有黑色横纹；前翅白色，半透明，布满大小不等的青蓝色斑点；后翅外缘有青蓝色斑8个（图14-13A）。

卵：圆形；淡黄色。

幼虫：头部黑褐色，体紫红色或深红色，尾部淡黄色；各节有很多粒状小突起，其上有白长毛1根（图14-13B）。

蛹：长椭圆形，体长14 ~ 27mm；红褐色，背面有锯齿状横带；尾端着生12根短刺。

为害特征：幼虫为害桉树、板栗、降香黄檀等植物。被害枝基部木质部与韧皮部之间有1个蛀食环，幼虫沿髓部向上蛀食，枝上有数个排粪孔，有大量的长椭圆形粪便排出，受害枝上部变黄枯萎，遇风易折断。

图14-13 咖啡豹蠹蛾
A.成虫 B.幼虫

2.相思拟木蠹蛾*Arbela bailbarana* Matsumura

成虫：体长7 ～ 12mm。雌、雄成虫触角均为单羽状；前翅近长方形，灰白色，中室中部具1个黑色斑块，黑斑外侧有6个近长方形褐斑，连续横列呈弧形，前缘有11个浅褐色斑，外缘及后缘各有5 ～ 6个灰褐色斑块，沿翅缘分列；雄蛾体和翅色较深，后翅黑褐色（图14-14A）。

卵：椭圆形；乳白色；卵块鳞片状，外被黑色胶状物。

幼虫：高龄幼虫体长18 ～ 27mm；头赤褐色，体黑色或棕黑色，节间灰白色（图14-14B）。

蛹：体长12 ～ 16mm；赭黄色，体前部色深；头顶两侧各具1个不分叉的粗大突起，与体长轴平行（图14-14C）。

为害特征：幼虫为害桉树、核桃和八角等植物。幼虫钻蛀枝干形成坑道，咬食枝干外部皮层时，常吐丝缀连虫粪和树皮屑形成隧道（图14-14D），幼虫白天藏匿坑道中，夜间钻出，沿隧道啃食树皮，削弱树势；为害严重时，可致使枝干枯干，幼树死亡。

图14-14 相思拟木蠹蛾（于永浩供图）
A.成虫（雄） B.幼虫 C.蛹 D.澳洲坚果受害状

（五）蝙蝠蛾类

桉蝙蛾*Endoclita signifer*（Walker）

成虫：体大型，雌蛾体长50 ~ 61mm，雄蛾体长41 ~ 56mm。头小，复眼大，喙退化；触角丝状；前翅狭长，黄褐色，前缘有6个边缘不整齐的黑斑；前翅翅面上至R脉下连Cu脉外至横脉外侧间形成1个灰褐色三角区，中室基部有1个三角形白色小斑，中室端部有一大一小2个白斑，小斑常呈指尖形或纺锤形，大斑常呈弯刀形；雄虫后足基部有一束明显的黄色刷状毛（图14-15A）。

卵：圆形至近圆形，直径0.5 ~ 0.6mm；初产时乳白色，近孵化时变黑色（图14-15B）。

幼虫：初孵幼虫乳白色，体长2.1 ~ 2.6mm，高龄幼虫体长70 ~ 110mm；高龄幼虫前胸背板褐色，骨化强，两侧各有1个气门和1个黑色凹陷斑点；腹足5对，趾钩单序双环（图14-15C）。

蛹：长圆筒形，体长43 ~ 74mm；黄褐色或黑褐色；头部两侧隆起呈瘤状，上有刚毛数根，触角明显可见，长达下颚须部位；前足长达翅中部，腹部第八节上有1对瘤状突，其上各有刚毛1根，末端无臀棘，雌蛹第八节中间有“人”字形纹（图14-15D）。

为害特征：幼虫主要集中在桉树2m以下的树干基部为害，幼虫在树干内蛀食为害，随着幼虫变大，蛀道不断加大加深，木屑和虫粪被推出蛀道，并用丝黏结在蛀道口形成虫粪苞（图14-15E），导致树木易风折。

图14-15 桉蝙蛾
A.成虫（杨秀好供图） B.卵（杨秀好供图） C.幼虫 D.蛹 E.桉树受害状

四、作业

1.以列表的形式，描述松褐天牛、粗鞘双条杉天牛、云斑白条天牛、星天牛、桑天牛、眉斑并脊天牛成虫及幼虫外部形态特征的区别。

2.以列表的形式，描述锈色棕榈象、褐纹甘蔗象、大竹象、马尾松角胫象成虫外部形态特征的区别。

实验十五 | *Experiment 15*

森林主要地下害虫的识别

一、实验目的

1.通过观察松树、杉木、桉树、八角、板栗、油茶和竹类等植物的主要地下害虫卵、幼/若虫、蛹和成虫的标本，掌握主要地下害虫种类识别特征。

2.通过观看彩印照片、挂图和数码高清照片等，观察主要地下害虫的为害状，掌握主要地下害虫的为害特征。

二、实验材料和工具

（一）实验材料

①蛴螬类：红脚异丽金龟。

②地老虎类：小地老虎和大地老虎。

③蟋蟀类：大蟋蟀、黄脸油葫芦、黑脸油葫芦。

④白蚁类：土垄大白蚁、黄翅大白蚁、黑翅土白蚁。

⑤蝼蛄类：东方蝼蛄。

⑥金针虫类：细胸锥尾叩甲。

（二）实验工具

双目体视镜、放大镜、解剖针、镊子、培养皿、泡沫板等。

三、实验内容

分别取观察对象的各虫态标本，依次识别其主要鉴别特征，成虫、卵、幼虫和蛹采用目视法直接观察，当目视法无法观察到细微的特征时，可将其置于培养皿或泡沫板上，用手持放大镜观察，或在双目体视镜下观察；观察其为害状标本或图片，识别其为害特征。

（一）蛴螬类

红脚异丽金龟 *Anomala rubripes* Lin

成虫：卵圆形，体长18 ~ 26mm，体背青绿色，腹面紫红色，均具金属光泽。触角鳃叶状，9节，棕红色，具光泽，片状部3节。前胸背板两侧边缘、小盾片后缘及鞘翅边缘具紫红色光泽。前胸背板前缘半圆形，小盾片钝三角形。鞘翅密布圆形小刻点，边缘稍向上卷起，末端各具1个突起，中间隐约可见纵线4～6条。前足胫节宽扁，外缘具2个锐齿，内侧棘状距1枚；中足各节细长；后足腿节宽扁，侧生黄毛1列，胫节外缘横生2列刺，内侧具2个距。腹部背腹面均见6节，腹部露出鞘翅外2节，臀板三角形（图15-1）。

卵：椭圆形，乳白色。

幼虫：高龄幼虫初为乳白色，后呈黄白色，圆筒形。臀节腹面复毛区刺毛列后段略宽，前段短锥状刺毛尖端微向中央弯曲，每列11～16根，后段长针状刺毛尖端相遇或交叉，每列13～19根，并常散布短锥状刺毛。

蛹：椭圆形，初为淡黄色，后呈黄褐色。

为害特征：幼虫啃食桉树和板栗等寄主植物的根系，轻者影响植株的正常生长发育，严重时造成立枯死亡。此外，成虫也可取食桉树等植物的叶片。

图15-1　红脚异丽金龟

（二）地老虎类

1.小地老虎 *Agrotis ypsilon*（Rottemberg）

成虫：雌虫触角丝状，雄虫触角栉齿状；头胸部暗褐色，腹部灰色；前翅暗褐色，具有明显的肾状纹、环状纹和棒状纹各1个，黑色剑状纹2个；在肾状纹外侧有1个尖端向外的楔状黑斑，在外缘上有2个尖端向内的楔状黑斑，3斑相对。后翅灰白色，翅脉及外缘黑褐色，缘毛灰白色（图15-2A）。

卵：扁圆形，表面有纵横隆纹，初产时呈乳白色，孵化前呈灰黑色。

幼虫：共6龄。高龄幼虫头部暗褐色，体灰褐色至暗褐色，密布黑色粒状小突，背面中央有2条淡褐色纵带（图15-2B）；蜕裂线两臂在头顶与颅中沟不相连；头部唇基约为等边三角形，额区顶端呈单峰（图15-2D）；胸足末端的爪深褐色，爪腹面基部尖锐（图15-2E）；腹部1～8节各节背面有4个呈梯形排列的毛片，毛片大小几乎相等

（图15-2F）；气门梭形；腹末臀板黄褐色，有2条深褐色纵带（图15-2G）。

蛹：暗褐色，腹部1 ~ 3节侧面无明显的横沟；4 ~ 7节基部的刻点在背面的极大，其余刻点较小；腹部末端具臀棘1对（图15-2C）。

为害特征：幼虫栖居土内后，咬食核桃和榆树等林木苗木、幼树根部或嫩茎，使苗木、幼树枯黄或死亡，造成缺苗断垄或使幼苗生长不良。

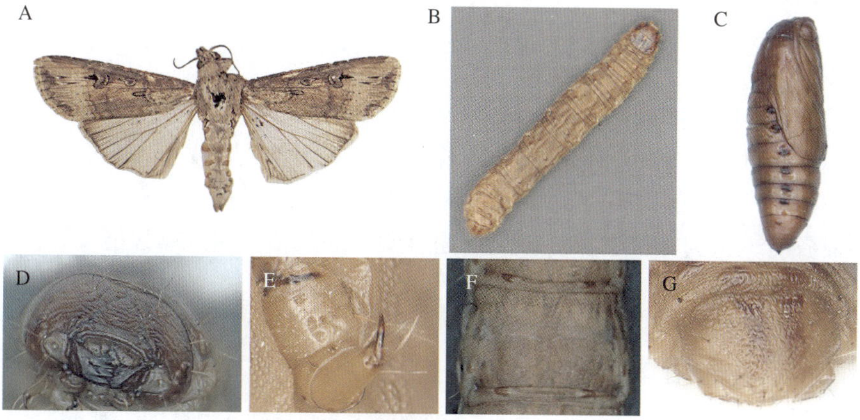

图15-2　小地老虎

A.成虫（雌）　B.幼虫　C.蛹　D.幼虫头部正面观　E.幼虫胸足爪　F.幼虫第四腹节背面观　G.幼虫臀板正面观

2.大地老虎 *Agrotis tokionis* Butler

成虫：雌虫触角丝状，雄虫触角栉齿状。翅暗褐色，前翅前缘自基部至2/3处呈黑褐色，肾形斑和环形斑在其中，棒形斑很小；翅外缘有1列黑褐色小黑点，缘毛黄褐色。后翅褐色，外缘黑褐色边缘较宽，缘毛淡色（图15-3A）。

卵：初产时浅黄色，渐变为黄褐色，孵化前变为灰褐色。

幼虫：体型较小地老虎大，黄褐色，表皮多褶皱（图15-3B）；头部额区除颅中沟两侧几乎全为深褐色；蜕裂线两臂在头顶与颅中沟相连；唇基底边大于其斜边，额区顶端

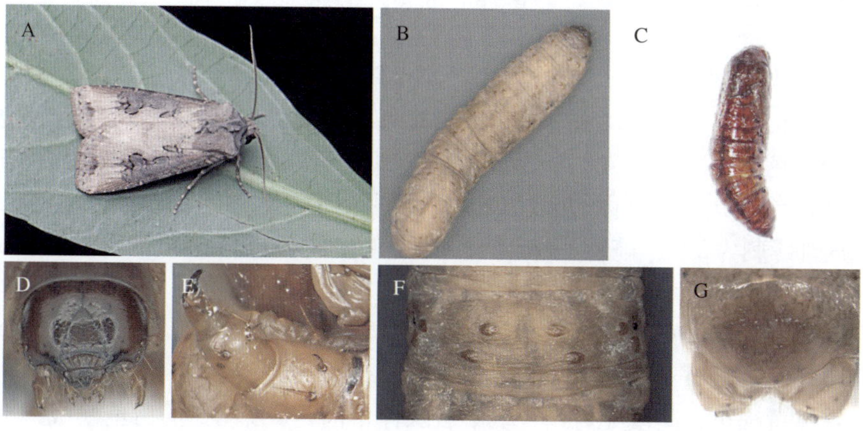

图15-3　大地老虎

A.成虫（雄，石柒供图）　B.幼虫　C.蛹　D.幼虫头部正面观　E.幼虫胸足爪　F.幼虫第四腹节背面观　G.幼虫臀板正面观

呈双峰毗连（图15-3D）；胸足末端的爪深褐色，爪腹面基部略向回弯（图15-3E）；腹部1 ~ 8节背面各节前面的2个毛片稍较后面的2个毛片略小（图15-3F）；气门椭圆形；腹末臀板深褐色（图15-3G）。

蛹：腹部1 ~ 3节侧面有明显的横沟；4 ~ 7节基部密布刻点，5 ~ 7节的刻点环体节1周；腹部末端有1对臀棘（图15-3C）。

为害特征：参考小地老虎。

（三）蟋蟀类

1.大蟋蟀 *Tarbinskiellus portentosus*（Lichtenstein）

成虫：体长30 ~ 40mm，体黄褐色、棕褐色、暗褐色或黑褐色。复眼小而圆，单眼3个，排成横列，头较前胸略宽。触角丝状，较体稍长或等长。前胸背板大，中央有一纵沟，两侧各有一横向圆锥状纹。雄虫前翅有明显的皱褶，相互摩擦能发音。雌虫前翅多纵脉，无横脉，不能发音；尾端有长产卵管。雌、雄虫后足腿节强大，胫节粗；具两排刺，各排有刺4 ~ 5枚（图15-4A）。

卵：圆筒形，稍弯曲，初产为乳白色，后转为土黄色。

若虫：与成虫相似，初孵化时体色较浅，为乳白色，后变为深黄褐色，腹面颜色较浅；一般有7个龄期，4龄时才长出翅芽，7龄时两前翅芽相遇（图15-4B）。

为害特征：成虫和若虫藏匿于穴中，啃食桉树等苗木根系，亦可啃咬幼苗茎部，造成缺苗、断行，甚至还会爬上幼树或苗木，咬断顶梢和侧梢，影响植株生长发育。

图15-4 大蟋蟀
A.成虫（雌） B.若虫

2.黄脸油葫芦 *Teleogryllus emma*（Ohmachi & Matsuura）

成虫：体长18 ~ 26mm，通体褐色或黑褐色（图15-5A、B），头部黑色；复眼上方具较窄的淡黄色波浪形倒“人”字形眉状纹（图15-5C）。颜面黄色，触角窝四周黑色；前胸背板黑褐色，具左右对称的淡色斑纹。前翅背面褐色，有光泽；足褐色或土黄色；前足胫节内外缘刺为2个，前足基跗节腹面内外刺最少为9个，后足基跗节背面内缘刺为1 ~ 4个（图15-5D）。

卵：淡黄色，长圆筒形，两端稍尖，中部微呈弯曲状，长1.8 ~ 2.4mm，宽0.06 ~ 0.10mm。

若虫：体黄褐色，暗淡无光泽；低龄若虫体中间具1条明显的白色横线，至中龄时白色横线变粗且更清晰，随后逐渐变淡，直至末龄若虫时消失（图15-5E）。

为害特征：参考大蟋蟀。

图15-5 黄脸油葫芦

A.成虫背面观 B.成虫侧面观 C.成虫头部正面观 D.成虫后足基跗节刺 E.若虫

3.黑脸油葫芦*Teleogryllus occipitalis*（Serville）

成虫：体长15 ~ 25mm，褐色或黑褐色，具金属光泽（图15-6A、B）；头大，圆球形；复眼上方具较宽的亮黄色倒“人”字形眉状纹（图15-6C）。颜面黑色，前胸背板黑色，具左右对称的淡色斑纹，侧板下半部褐色。前翅背面黑褐色，有光泽，侧面黄色；足黑色；前足胫节内外缘刺为2个，前足基跗节腹面内外刺最少为9个，后足基跗节背面内缘刺为5 ~ 7个（图15-6D）。

卵：亮黄色，长1.7 ~ 2.5mm，宽0.05 ~ 0.10mm，圆筒形，两端稍尖，中部微呈弯曲状（图15-6E）。

若虫：外部形态与黄脸油葫芦较为相似，可通过足的颜色和基跗节背面内缘刺的数量进行区分（图15-6F）。

为害特征：参考大蟋蟀。

图15-6 黑脸油葫芦

A.成虫背面观 B.成虫侧面观 C.成虫头部正面观 D.成虫后足基跗节刺

E.卵（引自http://gaga.biodiv.tw/9701bx/in5.htm） F.若虫

（四）白蚁类

1.土垄大白蚁*Macrotermes annandalei*（Silvestri）

蚁后：无翅，头、胸部红棕色，腹部特别膨大，淡黄色（图15-7A）。

蚁王：体色比有翅成虫深，无翅（图15-7A）。

兵蚁：头部平而光滑，呈梯形，暗红棕色，上颚发达如镰刀状，前端棕黑色，基部与头部颜色相同。左上颚前部无齿，基半部有数个齿缺，右上颚无齿，触角17节；胸及腹部棕褐色（图15-7A）。

有翅成虫：头、胸及腹部背面红棕色。头宽卵形，头顶光滑，触角念珠状18节。翅棕黄色，足淡棕色。

工蚁：头圆形，红棕色，触角17节，腹部橄榄形，腹节背板红棕色，节间膜处肉色。

为害特征：筑巢地下，取食桉树、板栗、杉木和松树等寄主植物的根系；可在树干上建造泥坯形成蚁路，工蚁在其内取食寄主植物的树皮、韧皮部；也取食枯死的树干、树枝等（图15-7B）。

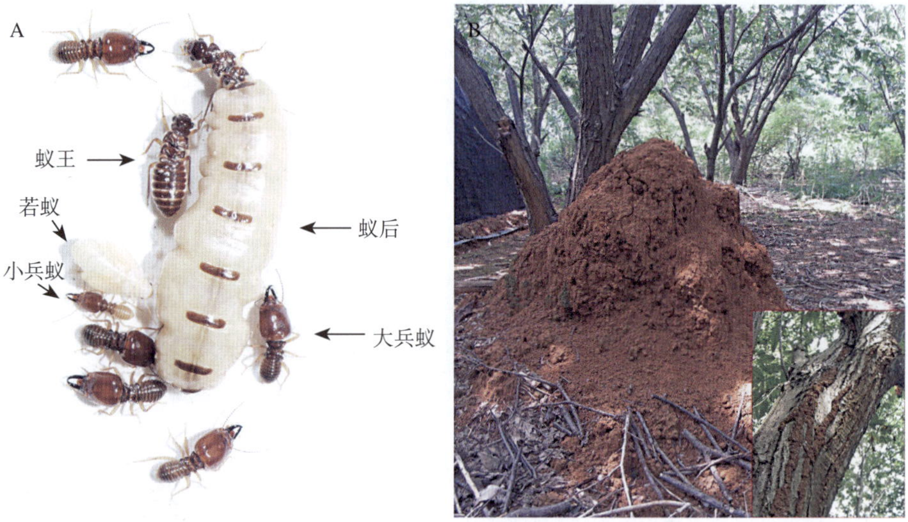

图15-7　土垄大白蚁
A.蚁后、蚁王、大兵蚁、小兵蚁和若蚁　B.蚁巢及板栗受害状

2.黄翅大白蚁 *Macrotermes barneyi* Light

蚁后：无翅，头、胸棕褐色，腹部特别膨大，淡黄色（图15-8A）。

蚁王：无翅，头淡红色，全身色泽较深（图15-8A）。

兵蚁：头深黄色，上颚黑色，粗壮，镰刀状，左上颚基半部有数个浅缺刻及1个较深的缺刻。右上颚无齿，触角17节（图15-8A）。

有翅成虫：头、胸及腹背面红褐色，复眼黑褐色。触角19节，前胸背板中央有1个淡色的“十”字形纹。翅黄色，足棕黄色。

工蚁：头圆形，棕黄色，触角17节，胸腹浅黄色。前胸背板约为头宽之半，前缘翘起，中胸背板较前胸略小，腹部膨大如橄榄形（图15-8A）。

为害特征：筑巢地下，取食松树、桉树、杉木和栎树等寄主植物的根系；可在寄主植物树干上建造泥坯形成蚁路，工蚁躲在其内取食寄主植物的表皮及树干枯死部分（图15-8B）。

图15-8　黄翅大白蚁
A.蚁后、蚁王、大兵蚁、小兵蚁和工蚁　B.板栗受害状

3.黑翅土白蚁*Odontotermes formosanus*（Shiraki）

蚁后：无翅，头、胸棕褐色，腹部特别膨大，淡黄色（图15-9A）。

蚁王：无翅，头淡红色，全身色泽较深，胸部残留翅鳞（图15-9B）。

兵蚁：头橙黄色，卵形，上颚发达，镰刀状，左右各具1个齿，但左齿较大而明显，胸部淡黄色（图15-9C）。

有翅成虫：体背面黑褐色，腹部棕黄色。头圆形，复眼黑褐色，触角19节。前胸背板中央有一淡色的“十”字花纹。翅黑褐色（图15-9D）。

工蚁：头黄色，近圆形，胸腹部灰白色。

为害特征：筑巢地下，取食樟树、马尾松、香樟等寄主植物的树根；可在树干上修筑蚁道，啃食树皮和茎干，致使植株枯死（图15-9E）。

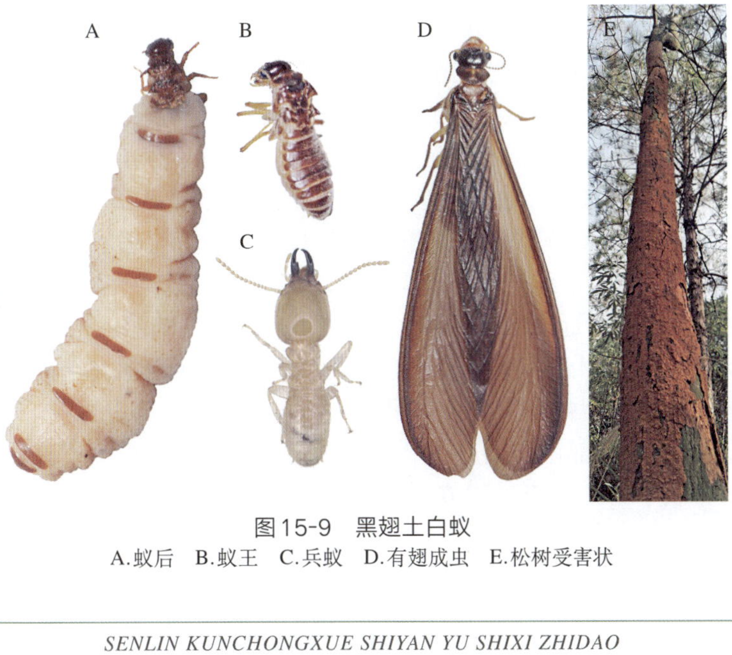

图15-9　黑翅土白蚁
A.蚁后　B.蚁王　C.兵蚁　D.有翅成虫　E.松树受害状

（五）蝼蛄类

东方蝼蛄*Gryllotalpa orientalis* Burmeister

成虫：体长30 ~ 35mm，灰褐色，全身密布细毛。头圆锥形，触角丝状；前胸背板卵圆形，中间具一暗红色长心脏形凹陷斑；前翅灰褐色，较短，仅达腹部中部；后翅扇形，较长，超过腹部末端；腹末具1对尾须；前足为开掘足，后足胫节背面内侧有4个距（图15-10）。

卵：椭圆形，初产灰白色，有光泽，后逐渐变成黄褐色，孵化之前为暗紫色或暗褐色。

若虫：8 ~ 9个龄期。初孵若虫乳白色，腹部大；2龄以上若虫体色接近成虫。

为害特征：成虫和若虫在土下开掘隧道，咬食植物幼苗的根和嫩茎，造成苗根和土壤分离，导致幼苗干枯死亡。

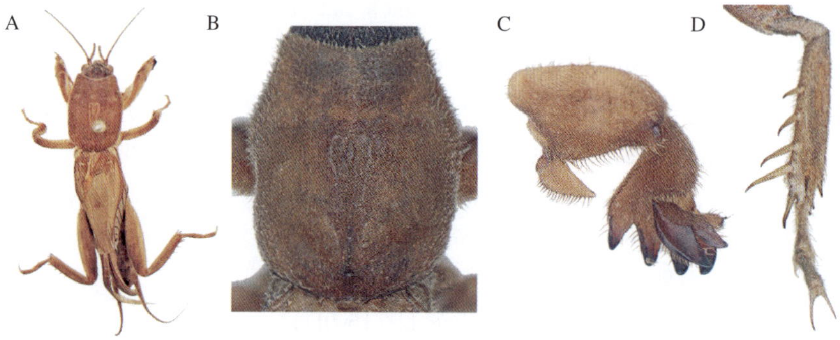

图15-10　东方蝼蛄
A.成虫背面观　B.前胸背板　C.前足　D.后足胫节

（六）金针虫类

细胸锥尾叩甲*Agriotes subvittatus* Motschulsky

成虫：体长8 ~ 9mm，体狭。前胸背板、头部及腹面暗褐色，身体表面被黄白色绒毛，具金属光泽；头颜色略浅，向前弓弯，密布中等大小刻点，额前缘凸；触角基部上方具额脊，触角向后延伸直到前胸后角基部；触角褐色，1 ~ 3节近桶形，第二节略长于第三节，其余各节呈倒锥形并逐节变长；小盾片呈盾形，前缘平直；足深褐色，跗节和爪简单（图15-11）。

卵：乳白色，球形或近球形，在孵化前表面颜色逐渐变暗。

幼虫：初孵化时体白色，头部黄褐色，随着幼虫龄期增加颜色加深，老龄幼虫为黄褐色，细长，呈圆筒形，体表具光泽，口器深褐色。身体近基部两侧各有1个褐色圆斑和4条褐色纵纹，第一胸节稍长于第二、第三胸节，1 ~ 8腹节约等长，尾节圆锥形。

图15-11　细胸锥尾叩甲（Smirnov ME供图）

蛹：初期乳白色，后变为黄褐色，近纺锤形，体侧沿气门线有白色宽带。

为害特征：幼虫在土壤中为害松树、桉树、杉木等苗木种子刚长出的幼芽或刚出土幼苗的根系和嫩茎，严重时可造成大面积缺苗的现象，影响育苗。

四、作业

1. 比较大蟋蟀、黄脸油葫芦、黑脸油葫芦成虫及若虫外部形态特征的主要区别。

2. 绘图区分小地老虎和大地老虎成虫及幼虫外部形态特征的主要区别。

3. 列表比较土垄大白蚁、黄翅大白蚁、黑翅土白蚁的蚁王、蚁后、工蚁、兵蚁、有翅成虫外部形态特征的主要区别。

实验十六 | *Experiment 16*

化学药剂常用剂型的识别及配置方法

一、实验目的

了解化学药剂的剂型和优缺点。掌握常用剂型（如可湿性粉剂、乳油和超低容量液剂等）的配置原理、基本方法、质量控制指标及其检测方法。

二、实验材料和工具

（一）实验材料

原药：92%多菌灵原药、95%马拉硫磷原药、98%呋虫胺原药。

助剂：滑石粉、十二烷基苯磺酸钠（ABS-Na）、萘磺酸甲醛缩合物钠盐（NNO，扩散剂）、拉开粉（润湿剂）。

表面活性剂：非离子型乳化剂（农乳600、农乳700、NP-10）、阴离子型乳化剂（农乳500）、复配型乳化剂（2201、0201B、农乳0202）。

溶剂和助溶剂：苯、二甲苯、甲苯、甲醇、乙醇、二甲基亚砜、342mg/L标准硬水。

（二）实验工具

离心机、天平、恒温恒湿培养箱、制冷器、100mL量筒、100mL移液管、100mL锥形离心管、50mL安瓿瓶（或在54℃下仍能密封的具塞玻璃瓶）、医用注射器（1mL、50mL）、250mL烧杯、温度计、圆盘（直径大小应与烧杯配套，并恰好产生2.45kPa的平均压力）、恒温水浴锅、秒表、表面皿、实验室筛（200目、40目）以及配套的接收盘和盖子、高速粉碎机、气流粉碎机、刷子（2.5cm软平刷）、恒温烘箱、干燥器、定性滤纸。

三、实验内容

（一）化学药剂剂型的识别

1.粉剂

粉剂（dustable powder，DP）是由原药、填料和少量其他助剂，经混合、粉碎、再混合等工艺制成的具有一定细度的粉状制剂。粉剂的有效成分通常在10%以下，一般不需要稀释，直接供喷粉使用，也可供拌种、制备毒饵、毒土等使用。粉剂的质量指标有有效成分含量、粉粒细度、分散性、水分和储存稳定性等。粉剂对于粉粒细度有一定要求，粉粒直径一般要在30μm以下，且95%能通过200目筛。因为10 ~ 30μm的粉粒附着力强，而且增加了和靶标生物的接触面积，能显著提高防治效果。

优点是资源丰富，便宜易得，加工成本较低，施药方式简单，用途广泛，且不受水源等条件的制约，工效较高。缺点是施用时遇微风易漂移，污染环境，并且与其他制剂相比药效较低。一般情况下，粉剂的药效低于乳油、可湿性粉剂。

2.颗粒剂

颗粒剂（granule，GR）由原药、载体和少量其他助剂通过混合、造粒工艺而制成的松散颗粒状剂型。颗粒剂的有效成分含量在1%～20%，一般供直接撒施使用。该剂型是由粉剂派生和发展的多规格、多形态、多用途剂型。颗粒剂的主要性能指标包括有效成分含量、细度、均匀度、硬度、储存稳定性等。其中粒度需要90%以上达到粒度规格标准，水分小于3%，颗粒完整度需要大于85%。

优点是储存方便，施用过程中沉降性好，漂移性小，对环境污染小，可控制农药有效成分的释放速度，施药方便，同时使高毒农药低毒化，对施用人员安全。缺点是颗粒剂的加工成本高于粉剂。

3.可湿性粉剂

可湿性粉剂（wettable powders，WP）是含有原药、填料或载体、润湿剂、分散剂以及其他辅助剂，经混合、粉碎工艺达到一定细度的粉状剂型。可湿性粉剂加水搅拌可形成稳定、分散性良好的悬浮液，供喷雾使用。其含量通常为10%～50%，有的在80%以上。可湿性粉剂的主要性能指标包括有效成分含量、润湿性、悬浮率等。粉末需99.5%能通过200目筛，直径一般在25μm以下，完全润湿时间小于2min，悬浮率达到70%，水分小于3%。

可湿性粉剂在农药剂型中占有较重要地位，其优点是包装、运输的费用低，有效成分含量较一般粉剂高，耐储存，雾滴小，黏着力较强。缺点是对润湿性和粉粒细度要求较高，悬浮率高低直接影响防治效果，易造成局部性药害，而且使用时计量不方便，对使用者存在污染风险。因此，在其基础上又开发了水分散粒剂。

4.可溶性粉剂

可溶性粉剂（water soluble powders，SP）由水溶性原药、填料和其他助剂组成，是在使用浓度下有效成分能够迅速分散而完全溶解于水中的粉状剂型。该剂型可直接加水溶解供喷雾使用。可溶性粉剂的有效成分含量一般在50%以上，部分高达90%。可溶性粉剂的主要性能指标包括有效成分含量，水中全溶解的时间等。可溶性粉剂的有效成分含量应不低于标明的含量，而且在水中的全溶解时间一般小于3min，水分含量小于3%。

优点是浓度高，储存时化学稳定性好，加工和储运成本低，包装、运输方便，且安全。缺点是由于该剂型的原药均为水溶性，易吸湿结块，应注意防湿包装和在干燥的条件下存储。

5.水分散粒剂

水分散粒剂（water dispersible granule，WG）由原药、润湿剂、分散剂、隔离剂、稳定剂、黏结剂、填料或载体组成。使用时放入水中，能够较快崩解、分散，形成高度悬浮的固液分散体系，供喷雾使用。

优点是使用时无粉尘污染，有效成分含量高，包装和储运方便、安全，储存稳定性高，在水中分散性好，悬浮率高，流动性好，计量方便等，被认为是21世纪最具发展前景的剂型之一。缺点是制剂成本总体上高于其他剂型。

6.悬浮剂

悬浮剂（suspension concentrate，SC）是固体原药与润湿分散剂、黏度调节剂及其他助剂和水经湿法研磨，在水中形成高度分散的黏稠、可流动的悬浮液体剂型。使用时，用水稀释形成一定浓度的悬浊液，供喷雾用。悬浮剂有效成分含量在5%～80%，多数在40%～60%。

优点是悬浮颗粒小，分布均匀，喷洒后覆盖面积大，黏着力强，药效强于同剂量的可湿性粉剂，与乳油相当。生产和使用过程中较为安全，对环境较为友好。适合常量、低量和水悬超低量喷雾。

7.乳油

乳油（emulsifiable concentrate，EC）由原药、有机溶剂、乳化剂和其他助剂组成的一种均相透明的油状液体，使用时将其稀释到水中，形成稳定的乳状液，供喷雾用。乳油的有效成分含量一般为20%～50%。乳油的主要性能指标包括乳液的稳定性和乳油的储存稳定性。乳油的外观应为单相透明液体，无可见的悬浮物和沉淀，自发乳化性和乳化稳定性合格，热储稳定性（54±2）℃储存14d，有效成分分解量小于规定量。

优点是加工过程简单、设备成本低、配制技术易掌握，有效成分含量高，储存稳定性好，使用方便，药效高，残效期长，用途广。缺点是使用相当量的有毒、易燃有机溶剂，加工、储运安全性差，使用时气味大，与环境相容性差。因此，乳油的发展方向是高浓度乳油，部分替代有机溶剂的水基型制剂等。

8.水乳剂

水乳剂（emulsion in water，EW）是亲油性液体原药或低沸点固体原药溶于少量与水不相溶的有机溶剂，以极小的油珠（<10μm）在乳化剂的作用下，稳定分散在水中形成的不透明的乳状液。水乳剂的含量一般为20%～50%。水乳剂使用时加水稀释成乳状液，供喷雾用。

优点是以水为分散介质，燃烧、爆炸危险小，储运安全，毒性低于乳油，减少了有机溶剂对环境、人畜及作物的危害性，是乳油的理想水基替代剂型。

9.微乳剂

微乳剂（micro-emulsion，ME）是由油溶性原药、乳化剂和水组成的感观透明的均相液体剂型。该剂型体系中悬浮的液滴微细，粒径为0.01～0.1μm，属于胶体范围。因此，该体系是热力学稳定的乳状液，又称为水性乳油。微乳剂有效成分含量一般为5%～50%。使用时加水稀释形成透明或半透明的乳状液，供喷雾用。农用微乳剂多为水包油型（O/W），含水多，生产、储运和使用安全性高于乳油，且由于稀释的乳状液粒子比一般乳液细，药效高于乳油和水乳剂。然而，微乳剂只是在一定的温度范围内透明稳定，且体系中乳化剂一般用量大，导致原料成本偏高，不适合制备高含量水包油型制剂。

优点是闪点高，有机溶剂用量少，乳状液的粒子超微细，药效良好，生产成本低，对作物药害和落花落果现象明显减少。

10.水剂和可溶性液剂

水剂（aqueous solutions，AS）是农药原药的水溶液剂型，是有效成分以分子或离子状态分散在水中的真溶液制剂。水剂在使用时一般需要加水稀释后直接喷雾。

可溶性液剂（soluble concentrate，SL）与水剂的区别在于，可溶性液剂体系中可含有不溶于水的惰性成分，原药虽然在水中有较大的溶解度，但在水中不稳定，易分解失效，所以不能直接加工成水剂。

两者的优点在于药害低、毒性小、易稀释、加工方便、成本较低，而且药效与乳油相当。缺点是在植物表面黏着力较差，而且在储藏过程中易分解失效，化学稳定性较差。

11.种衣剂

种衣剂（seed coating formulations）是含有成膜剂的专用种子包衣剂型，可在种子表面形成牢固的药膜。种衣剂严格来说并不是一种农药剂型，只是在悬浮剂、可湿性（可溶性）粉剂、粉剂、溶液中添加足量黏合剂和成膜剂，使其在种子表面形成不同厚度的外膜或者外壳。容易在土壤中分解或者影响种子发芽率的农药品种不能制成种衣剂。国内目前常见的是悬浮种衣剂和干粉种衣剂两种。种衣剂的特点是针对性强，高效、经济、安全、持效期长。种衣剂主要供种子生产企业使用，在包衣机内与种子混合，制造并出售商品包衣种子，包衣后的种子往往可以储存一段时期。

优点是成本低，对环境压力小，应用前景广泛。缺点是种衣剂的持效期有限，无法防治生长发育后期的病虫害，若强行加大剂量来延长持效，往往会造成药害。

12.油剂

油剂（oil miscible liquid，OL）是农药原药的油溶液剂型，加工时有的需加助溶剂或化学稳定剂。油剂中专供超低容量喷洒的，称为超低容量喷雾剂（ultra low volume liquid，ULV）。该剂一般含农药的有效成分为20%～50%，不需稀释而直接喷洒。

13.烟剂

烟剂（smokes generator，FU）是以农药原药、燃料、氧化剂、消燃剂制成的粉状或锭状制剂，是在引燃后，有效成分以烟状分散体系悬浮于空气中的农药剂型。点燃后，可以燃烧，但应只发烟而没有火焰，农药有效成分因受热而气化，在空气中冷却又凝聚成固体微粒，直径0.1～2μm，沉积至植物上的烟粒不但对害虫具有良好的触杀和胃毒作用，而且空气中的极微小的烟粒还可通过害虫的呼吸系统进入虫体内，起到致毒作用。烟剂的主要性能指标包括有效成分成烟率、发烟时间、自燃安全性等。

烟剂的优点是防效好，工效高和劳动强度低，使用方便，不需要额外的器械和水源要求等。缺点是发烟时药剂易分解，成本高，能制成烟剂的药剂品种较少，而且在使用时受气流影响较大。

14.悬乳剂

悬乳剂（suspo-emulsion，SE）亦称悬浮乳剂、水悬浮乳剂，是一种或几种固体农药有效成分与另一种或几种水不溶液体农药有效成分（或低熔点农药有效成分溶解于非极性溶剂后的溶液）在借助分散剂、乳化剂等助剂的作用下，分别以固体颗粒和微细油珠液滴形式，均匀稳定地悬浮于水中所形成的高悬浮分散体系。

悬乳剂在外观上与悬浮剂和水乳剂相似。悬浮剂或水乳剂是以水为连续相的两相分散体系；悬乳剂是悬浮剂和水乳剂结合而形成的一个三相稳定分散体系，用水稀释后供喷雾使用，具有悬浮剂和水乳剂的优点，避免了如农药乳油和可湿性粉剂因有机溶剂和粉尘对环境和操作者的污染和毒害，储运安全，具有良好的生物活性。

15.固体乳剂

固体乳剂（solidified emulsifiable concentrate，SEC）亦称固体乳油，分为乳粉剂（亦称可乳化粉剂，emulsifiable powder，EP）和乳粒剂（亦称可乳化粒剂，emulsifiable granule，EG）两种剂型，它是将一种或多种农药有效成分溶于有机溶剂后形成的溶液与乳化剂等助剂均匀混合，再用适宜载体均匀吸附而制成。使用方式与乳油类似，兑水稀释时可崩解、分散或溶解，并可形成稳定的水包油型乳状液。

16.油悬浮剂

油悬浮剂（oil-based suspension concentrate）是指一种或一种以上的农药有效成分在非水系分散介质中形成高分散稳定的悬浮体系。油悬浮剂一般用水稀释后供喷雾使用，也可不稀释供超低容量喷雾使用。制剂中除了有效成分外，还必须有适宜的溶剂、助溶剂、分散剂、乳化剂、湿润剂、悬浮稳定剂、消泡剂黏度调节剂等。油悬浮剂的主要指标包括悬浮率、水分、细度、低温稳定性、热储稳定性等。

油悬浮剂施用稀释液的不同可以分为两种剂型。其中，以水稀释后使用的油悬浮剂称为可分散油悬浮剂（oil dispersion，OD），以油基稀释后使用的油悬浮剂直接称为油悬浮剂（oil miscible flowable concentrate，OF）。近年来，行业内所开发及登记的油悬浮剂产品绝大部分为可分散油悬浮剂。

17.纳米农药

纳米农药（nanopesticide formulations）是利用纳米材料与制备技术，将原药、载体与辅料高效配伍创制的农药制剂产品。纳米材料具有小尺寸、大比表面积与可修饰性的特点，将纳米技术与农药研制相结合，形成了一个新兴的纳米农药研究领域。通过纳米科技改善农药剂型功能是提高农药有效性与安全性、降低残留与环境污染的重要途径。

纳米乳液（nanoenmulsion）是目前我国较早实现产业化的纳米农药制剂，亦称纳米乳剂，是在表面活性剂功能材料作用下，将不溶于水的农药以纳米尺度增溶于水中形成的热力学稳定、各向同性、透明或半透明的均相分散体系。纳米乳液可分为水包油型纳米乳、油包水型（W/O）纳米乳、双连续型（B.C）纳米乳3种类型。

（二）化学药剂常用剂型的配置方法

1.可湿性粉剂的配置方法和质量控制指标的检验

（1）可湿性粉剂的配置原理

按照确定的配方将农药原药、分散剂、润湿剂和填料分别粗粉碎、细粉碎，再混匀而成。

（2）50%多菌灵可湿性粉剂的配置方法

可湿性粉剂的加工方法主要包括直接粉碎法、母粉法和浸渍法。本实验以直接粉碎法为例，介绍50%多菌灵可湿性粉剂的配置方法。

准确称取多菌灵（92%）原药11.0g，拉开粉1.5g，滑石粉5.7g，ABS-Na1.0g，NNO1.0g，将其在研钵中磨细混匀后，于高速粉碎机或者气流粉碎机中粉碎30min，即制成50%多菌灵可湿性粉剂。要求粉末99%通过200目筛。

（3）50%多菌灵可湿性粉剂质量控制指标的检验

①润湿性能的检测。将定量制成的可湿性粉剂从规定高度倾入盛有一定量标准硬水的烧杯中，测量其完全润湿时间。

测定步骤：用量筒准确量取标准硬水（100±1）mL于250mL烧杯中，然后将此烧杯置于恒温水浴锅中保持（25±1）℃水浴，并且使水浴锅中的液面与烧杯液面齐平。待烧杯中液体加热至25℃后，用天平准确称取（5±0.1）g具有代表性的试样于表面皿中，然后将全部试样从与烧杯口齐平的高度一次均匀倾倒入烧杯中，倾倒时应注意不要过分扰动液面。从开始倾倒粉末时开始计时，至粉末全部润湿于液体中停止，记下润湿时间。重复5次，取5次计时的平均值作为该样品的润湿时间。

②粉粒细度测定。将烘箱中干燥至恒重的样品，自然冷却至室温，并在样品与大气达到湿度平衡后，称取试样，用适当孔径的试验筛筛分至终点，称量筛中残余物，计算细度。即称取20g试样（精确至1g），置于与接收盘相吻合的适当孔径试验筛中，盖上盖子，根据实验室条件选择震筛机法或者手筛法试验。

震筛机法测定步骤：将试验筛装在展筛机上振荡，同时交替轻敲接收盘的左右侧。10min后，关闭震筛机，让粉尘沉降数秒钟后揭开筛盖，用刷子清扫所有堵塞筛眼的物料，同时分散筛中软团块，但不应压碎硬颗粒。盖上筛盖，开启震筛机，重复上述过程至2min内过筛物少于0.01g为止。将筛中残余物移至玻璃皿中称重。

手筛法测定步骤：两手同时握紧筛盖及接收盘两侧，在具胶皮罩面的操作台上，将接收盘左右侧底部反复与操作台接触振筛，并不时按顺时针方向调整筛子方位（也可按逆时针方向）。在揭盖之前，让粉尘沉降数秒钟，用刷子清扫堵塞筛眼的物料，同时分散软团块，但不应压碎硬粉粒。重复展筛至2min内过筛物少于0.01g为止。将筛中残余物移至玻璃皿中称重。

③悬浮率的测定。用标准硬水将待测试样配置成适当浓度的悬浮液，然后在一定条件下静置一定时间后，测定底部1/10处的悬浮液中有效成分的质量分数，计算其悬浮率。

测定步骤：称取1g试样于含有50mL（30℃）标准硬水的250mL烧杯中，然后用手振摇，使烧杯做圆周运动，速度约为120次/min，持续2min。将该悬浮液于30℃水浴锅静置13min。用标准硬水将其全部转移至250mL量筒中，并稀释至刻度，盖上塞子，将量筒迅速上下翻转30次。打开塞子，将其置于30℃水浴中，静置30min后，用吸管在15s内将225mL悬浮液吸出，注意不要摇动或者搅动量筒内的沉降物，同时确保吸管总是在液面下方。

④热储稳定性。将试样加压放置，于54℃储存14d后，测定规定项目。

测定步骤：将20g试样放入烧杯，不加任何压力，使其铺成等厚度的平滑均匀层。将圆盘压在试样上面（产生2.45kPa的平均压力），置烧杯于烘箱中，在（54±2）℃的恒温箱（或恒温水浴）中放置14d。取出烧杯，拿出圆盘，放入干燥器中，使试样冷却至室温。于24h内完成对有效成分含量和悬浮率等规定项目的检验。质量分数应该不低于储存前的95%，悬浮率仍应符合标准的指标要求。

（4）数据统计与分析

细度（X）按照式16-1进行计算：

$$X = \frac{m_1 - m_2}{m_1} \times 100\% \tag{16-1}$$

式中，m_1为可湿性粉剂的质量；m_2为玻璃皿中残余的质量。

悬浮率按照式16-2计算：

$$\text{悬浮率} = 1.11 \times \frac{m_1 - m_2}{m_1} \times 100\% \tag{16-2}$$

式中，m_1为225mL上清试样中有效成分的质量；m_2为量筒底部的25mL悬浮液中有效成分的质量。

将统计分析的结果记录在表16-1中。

表16-1 50%多菌灵可湿性粉剂质量控制指标检测结果

试样编号	润湿时间/min	细度（325目）/%	悬浮率/%	储存稳定性（14d）/%
1				
2				
3				
……				

2.乳油的配置方法和质量控制指标的检验

（1）乳油配置的原理

乳油主要是由农药原药、溶剂和乳化剂组成，在某些乳油中还需要加入适当的助溶剂、稳定剂和增效剂等其他助剂。农药乳油的配置方法较为简单，关键是溶剂和乳化剂的选择和优化。乳油的加工是物理过程，需按照选定的配方，将原药溶于有机溶剂中，再加入乳化剂等其他助剂，在搅拌下混合溶解，制备成单相透明的液体。

（2）50%马拉硫磷乳油的配置方法

采用不同的溶剂和乳化剂配置50%马拉硫磷乳油50mL，其中有效成分马拉硫磷占50%，乳化剂占10%，溶剂补足至100%。

①溶剂的筛选。取5支试管，在每支试管中称取1.2g马拉硫磷原药，用移液管分别吸取2mL溶剂加入其中，室温下振荡，如果不能完全溶解，则再加入2mL溶剂并微热加速溶解。如果还不能溶解则重复上述操作，若加入10mL溶剂后仍无法完全溶解则舍弃该溶剂，选择另一种溶剂进行试验。按此方法筛选出对马拉硫磷的溶解性最好的有机溶剂，并以此溶剂作为溶解马拉硫磷乳油的溶剂。

②乳化剂种类的筛选。选择各种非离子型乳化剂、阴离子型乳化剂和复配型乳化剂中的任意一种，用量固定为10%，观察所制备的乳油外观和乳液的稳定性。若外观为单一均相透明液体，则进行稳定性、分散性等性能指标的检测，若不合格则更换其他乳化

剂，直至筛选出合格的乳化剂。

③乳化剂用量的优化。根据前面实验确定的溶剂和乳化剂品种，对乳化剂的用量进行优化筛选，在6%～14%的范围内以2%为梯度，进行优化试验。筛选出性能指标最好的乳化剂用量，配置成50%马拉硫磷乳油，用于后续实验。

（3）50%马拉硫磷乳油质量控制指标的检验

①乳液稳定性的测定。试样用标准硬水稀释，1h后观察乳液的稳定性。

测定方法：在250mL烧杯中，加入100mL（30±2）℃标准硬水，用移液管吸取1mL乳剂试样，在不断搅拌的情况下慢慢加入硬水中，使其配成200mL乳液。加完乳剂后，继续用2～3r/s的速度搅拌30s，立即将乳液移至清洁、干燥的100mL量筒中，并将量筒置于恒温水浴内，在（30±2）℃范围内，静置1h，取出，观察乳液分离情况，如在量筒中无浮油（膏）、沉油和沉淀析出，则判定乳液稳定性合格。

②乳液分散性的测定。在25℃温度下，用硬水将试样稀释500倍后观察乳油的分散状态。

测定方法：用移液管将1mL乳油在距离2cm的高处，慢慢滴加到装有499mL硬水的烧杯中，观察乳油在水中自然分散和乳化的情况。

③储存稳定性的测定。

在低温下的稳定性。试样在0℃保持1h，记录有无固体或油状物析出。继续在0℃储存7d，离心分离，将固体析出物沉降，记录其体积。测定步骤：移取100mL的样品置于离心管中，在制冷器中冷却至（0±2）℃，保持1h，并每隔15min搅拌1次，每次15 s，检查并记录有无固体物或油状物析出。将离心管放回制冷器，在（0±2）℃继续放置7d，随后将离心管取出，在室温（不超过20℃）下静止3h，离心分离15min（相对离心力为500～600g）。记录离心管底部离析物的体积（精确至0.05mL）。析出固体或者液体体积≤0.3%为合格。

在高温下的稳定性。将试样置于安瓿瓶中，于54℃环境下贮存14d后，对规定项目进行测定。测定步骤：用注射器将约30mL试样注入洁净的安瓿瓶中（避免试样接触瓶颈），置此安瓿瓶于冰盐浴中制冷，用高温火焰封口（避免溶剂挥发），冷却至室温称重。将封好的安瓿瓶置于金属容器内，再将金属容器在（54±2）℃的恒温箱（或恒温水浴）中放置14d。取出后，将安瓿瓶外面拭净后称量，质量未发生变化的试样，于24h内完成对有效成分含量等规定项目的检验。储藏14d后，各项指标仍符合要求的，为合格。

（4）数据统计与分析

乳液分散性的评价指标按表16-2进行评价。将结果记录在表16-3中。

表16-2 乳化分散性评价表

分散状态	乳化状态	评价
能迅速自动均匀分散	稍加搅动呈蓝色或白色透明乳状液	一级
能自动均匀分散	稍加搅动呈蓝色半透明乳状液	二级
呈白色云雾状或丝状分散	稍加搅动呈蓝色不透明乳状液	三级
呈白色微粒状下沉	搅动呈白色不透明乳状液	四级
呈油珠状下沉	搅动时能乳化，停止搅动时很快分层	五级

表16-3 50%马拉硫磷乳油质量控制指标检测结果

试样编号	稳定性	分散性	低温稳定性	高温稳定性
1				
2				
3				
……				

3.超低容量液剂的配置方法和质量控制指标的检验

（1）超低容量液剂的配置原理

超低容量液剂主要由农药原药、溶剂、表面活性剂、增效剂等组成。配置方法较为简单，关键在于溶剂选择或者盐化过程，其中选择溶解性良好的溶剂是物理过程，而盐化过程是化学过程。按照选定的配方，先用溶剂将活性成分搅拌溶解后，再加入助剂成分，充分搅拌混合均匀，即得到超低容量液剂。

（2）3%呋虫胺超低容量液剂的配置方法

配置3%的呋虫胺超低容量液剂50mL，其中有效成分呋虫胺占3%，表面活性剂占15%，溶剂补足至100%。

准确称取呋虫胺原药（98%）3.1g，于250mL烧杯中，用82mL二甲基亚砜将活性成分搅拌溶解后，再加入15g十二烷基苯磺酸钙，充分搅拌混合均匀，即得到100mL呋虫胺超低容量液剂。其中，搅拌速度控制为60 ~ 150r/min，搅拌时间为15 ~ 60min，温度为常温。

（3）3%呋虫胺超低容量液剂质量控制指标的检测

①挥发性的测定。试样在30℃、70%相对湿度（RH）条件下挥发15min，测定其挥发率。

测定方法：待恒温恒湿培养箱温度恒定在30℃，湿度恒定在70% RH 10min后，用注射器取0.8 ~ 1.0mL试样，均匀滴在准备好的带铜丝钩的定性滤纸上，使滤纸全部湿透，称重得样品质量m_1。立即悬挂在恒温恒湿培养箱内，箱内温度保持在（30±1）℃，湿度保持在（70±5）% RH的情况下，使样品自然挥发，15min后取出再称重，得样品质量m_2。

②储存稳定性的测定。

在低温下的稳定性。试样在0℃保持1h，记录有无固体或油状物析出。继续在0℃储存7d，离心分离，将固体析出物沉降，记录其体积。

测定步骤：移取100mL的样品置于离心管中，在制冷器中冷却至（0±2）℃，保持1h，并15min搅拌1次，每次15s，检查并记录有无固体物或油状物析出。将离心管放回制冷器，在（0±2）℃继续放置7d，随后将离心管取出，在室温（不超过20℃）下静止3h，离心分离15min（相对离心力为500 ~ 600g）。记录离心管底部离析物的体积（精确至0.05mL）。析出固体或者液体体积≤0.3%为合格。

在高温下的稳定性。将试样置于安瓿瓶中，于54℃环境下储存14d后，对规定项目进行测定。

测定步骤：用注射器将约30mL试样注入洁净的安瓿瓶中（避免试样接触瓶颈），置此安瓿瓶于冰盐浴中制冷，用高温火焰封口（避免溶剂挥发），冷却至室温称重。将封好的安瓿瓶置于金属容器内，再将金属容器在（54±2）℃的恒温箱（或恒温水浴）中放置14d。取出后，将安瓿瓶外面拭净后称量，质量未发生变化的试样，于24h内完成对有效成分含量等规定项目的检验。储藏14d后，若相对分解率≤5.0%，且各项指标仍符合要求，则热储稳定性合格。

（4）数据统计与分析

挥发率（Y）按照式16-3计算：

$$Y = \frac{m_1 - m_2}{m_1} \times 100\% \tag{16-3}$$

式中，m_1为挥发前滤纸的重量；m_2为挥发后滤纸的重量。

将统计分析的结果记录在表16-4中。

表16-4 3%呋虫胺超低容量液剂质量控制指标的检测结果

试样编号	挥发率	低温稳定性	高温稳定性
1			
2			
3			
……			

四、作业

1. 多菌灵为何能被加工成可湿性粉剂？
2. 影响可湿性粉剂理化性能的因素有哪些？
3. 乳油的局限性有哪些？该剂型未来的发展方向是什么？
4. 超低容量液剂和液剂的区别有哪些？

实习篇

森林昆虫学教学实习

实习一 | *Field Practice 1*

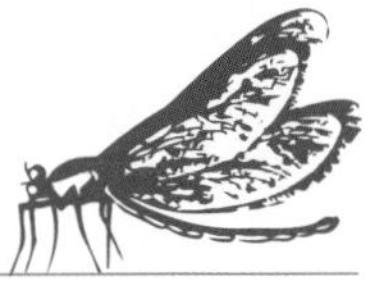

森林昆虫的实地调查

一、实习目的

1.通过实地调查，学习森林食叶、刺吸、种实、蛀干和地下昆虫的踏查方法，掌握抽样调查的原理与方法。

2.学习森林昆虫危害程度、虫口密度、植物被害率、损失率的数据统计及分析。

二、材料和工具

捕虫网、放大镜、工兵铲、吸虫器、采集袋、标本瓶、毒瓶、记录本、笔、标签纸、调查记录表、紧急户外防护药物（如驱蚊喷雾、蛇药和防中暑药等）。根据实际情况准备手机、相机等拍照设备。

三、调查方法

（一）确定调查对象

查阅历史资料、询问林区管理人员或踏查，了解目标林区内的主要树种。选择林区内优势树种为主要调查对象，其余树种为一般调查对象，调查其上发生的主要昆虫种类。踏查后，根据不同昆虫种类的实际发生情况，确定是否设立标准样地进行抽样调查。

（二）踏查

选择在森林昆虫发生期踏查。可结合林区道路、不同树种种植区等规划踏查路线，踏查区域要尽量涵盖目标林区。调查结果填入踏查记录表（表17-1）。

表17-1　踏查记录表

踏查路线编号：____________　调查时间：____________　调查人员：____________

踏查点	经纬度	林分结构	昆虫名称	寄主植物	为害部位	是否需要设置标准地	标准地编号	备注
……								

（三）标准样地的设置

对于本地区未记录且发生面积较大的森林昆虫种类，应设立标准样地进行抽样调查，明确其种类、发生面积和危害程度等；对于已知或已监测到的森林昆虫种类，若其发生面积大、为害重，应设置标准样地进行抽样调查。常见且零星发生的种类可不设立标准样地调查。

标准样地设置的标准是人工林标准地累计面积不少于昆虫寄主面积的0.3%，天然林不少于0.02%，种苗繁育基地不少于栽培面积（数量）的5%。检疫性昆虫标准样地的设置参照《林业检疫性有害生物调查总则》（GB/T 23617—2009）。同一类型的标准地必须有3次或以上的重复。

（四）标准样地的抽样调查

为了使抽样结果科学、准确且具有代表性，可采用随机取样法、对角线取样法、五点取样法、平行线取样法、“Z”字形取样法或棋盘式取样法等。可根据调查对象的分布方式选择合适的取样方法，并将标准样地抽样调查结果填入表17-2。抽样调查过程中，抽查到卵、幼（若）虫和蛹等不能通过形态学鉴定的虫态，可通过饲养获得成虫后进行形态学鉴定或通过分子生物学手段进行鉴定。

表17-2　标准样地调查记录表

时间：________　地点：________　经纬度：________　标准地编号：________

标准地面积：________　调查人员：________

昆虫名称	寄主植物	为害部位	发生（危害）程度				虫口数量	是否成灾	备注
			未发生	轻	中	重			
……									

1.食叶昆虫的抽样调查

每块标准样地设置面积为0.2 ～ 0.3hm²，标准地内寄主植物至少30株，在每块标准地内按对角线取样等方法抽查30株以上。调查成虫时，可采用灯光或性信息素诱集等方法，统计优势种类及数量。调查幼虫时，如果树形低矮及虫口密度较小时，全株调查，统计幼虫种类、数量及受害株率。如果植株高大不便直接统计时，采用取标准枝/叶的方式进行调查。用标准枝为取样单位时，针叶树标准枝长度为50cm，阔叶树不小于30cm；以标准叶为取样单位时，针叶树以叶簇为基本调查单元，每株不少于30簇，阔叶树每株不少于50片样叶，可分别于树冠上、中、下3层及其东、南、西、北不同方位取样枝/叶，统计幼虫种类、数量及受害株率。卵和蛹（茧）的调查参照幼虫的调查方法。如幼虫有下树入土化蛹的习性，还需参照地下昆虫的调查方法，调查入土化蛹的种类，并统计数量。

2.刺吸昆虫的抽样调查

每块标准样地面积为0.2 ～ 0.3hm²，标准地内寄主植物至少30株，在每块标准地内按对角线取样等方法抽查30株以上。于树冠上、中、下3层及其东、南、西、北不同方位取1 ~ 2根样枝，统计样枝上的昆虫种类、数量及受害株率。对于体小、量多且飞行能力较弱的介壳虫和蚜虫等，样枝长度可定为20cm，剪下样枝后，统计其上的昆虫种类、数量及受害株率；对于个体小、量多、善飞且多在叶片上为害的叶蝉和飞虱等，可使用捕虫网对不同方位的受害叶片扫网，统计网内捕获的种类及数量，统计受害株率。

3.蛀干昆虫的抽样调查

每块标准样地面积为0.2 ~ 0.3hm^2，标准地内寄主植物至少30株，在每块标准地内按对角线抽样等方法抽查30株以上。对于天牛类和吉丁虫类昆虫，可根据排气孔周围排泄物的新鲜程度等特征定位昆虫并取样，鉴定其种类，统计其数量和受害株率。对于小蠹虫类昆虫，由于不同种类在寄主植株上发生为害的高度不同，调查时根据实际情况可将树干划分为不同高度区，每个高度区内剥取3块20cm × 20cm的树皮样（也可根据树干的大小调整树皮样的尺寸），统计树皮内侧小蠹虫的种类、数量及受害株率。对于蛀干性透翅蛾、木蠹蛾和拟木蠹蛾等种类，参照天牛类昆虫的调查方法。此外，蛀干性蛾类成虫还可采用灯诱技术辅助调查。

4.地下昆虫的抽样调查

同一类型林地设1块标准地，每块标准样地面积为0.2 ~ 0.3hm^2，在每块标准地内按“Z”字形取样或采用棋盘取样法。地下昆虫的卵、幼虫和蛹采用挖土坑法调查，成虫采用诱集法调查。采用挖土坑法调查时，每块标准地设置的土坑总数不少于3个，土坑的长、宽和高一般设置为1m × 1m × 0.1m，也可依据现场的实际情况调整土坑的大小。统计调查到的昆虫种类及数量。抽样调查过程中土坑大小的设置要保持一致。采用诱集法调查时，可于成虫羽化期悬挂灯光或用性信息素诱集，统计诱捕到的昆虫种类及数量。

5.种实昆虫的抽样调查

种子园、母树林和其他采种林分常需要调查种实昆虫。通常50hm^{2}以下的地块设1块标准地，50hm^{2}以上的地块每增加10hm^{2}增设1块标准地。每块标准地面积为0.07hm^2，按对角线取样等方法抽查10 ~ 20株，每样株在树冠的上、中、下层3层及其东、南、西、北4个方位各采种实10 ~ 20个，解剖种实，统计其内的种实昆虫种类、数量和受害率。

（五）危害程度的统计

1.食叶昆虫

食叶昆虫的为害程度一般分为4级，分别用0（未受害）、+（轻）、++（中）和+++（重）表示。0级代表未受害，+级代表树叶被害率1% ~ 20%，++级代表树叶被害率21% ~ 50%，+++级代表树叶被害率50%以上。当食叶昆虫为害造成的失叶率在60%以上或林木死亡株率在10%以上时，视为达到成灾标准。

2.刺吸昆虫

刺吸昆虫的为害程度一般分为4级。分别用0（未受害）、+（轻）、++（中）和+++（重）表示。0级代表未受害，+级代表枝梢被害率或受害株率1% ~ 20%，++级代表枝梢被害率或受害株率21% ~ 50%，+++级代表枝梢被害率或受害株率50%以上。成灾标准参考食叶昆虫。

3.蛀干昆虫

蛀干昆虫的为害程度一般分为4级。分别用0（未受害）、+（轻）、++（中）和+++（重）表示。0级代表未受害，+级代表树干被害率1%～10%，++级代表树干被害率11%～20%，+++级代表树干被害率20%以上。当蛀干昆虫为害造成的受害株率在20%以上或林木死亡株率10%以上时视为达到成灾标准。

4.地下昆虫

地下昆虫的为害程度一般分为4级。分别用0（未受害）、+（轻）、++（中）和+++（重）表示。0级代表未受害，+级代表受害株率1%，++级代表受害株率2%～10%，+++级代表受害株率10%以上。当地下昆虫为害造成的受害株率在20%以上时视为达到成灾标准。

5.种实昆虫

种实昆虫的为害程度一般分为4级。分别用0（未受害）、+（轻）、++（中）和+++（重）表示。0级代表未受害，+级代表受害率1%～10%，++级代表受害率11%～20%，+++级代表受害率20%以上。当种实昆虫为害造成的受害率在20%以上时视为达到成灾标准。

获得昆虫不同危害程度等级的数据后，通过式17-1计算其危害程度P_i。

$$P_i = \frac{\sum (V_i \times n)}{N \times V_a} \times 100\% \qquad (17\text{-}1)$$

式中，V_i表示某虫害级值；n表示某等级株数；V_a表示最高级值；N表示调查总株数。

（六）虫情分析

1.虫口密度

基于抽样调查结果，统计单位面积、植株或器官上的虫口数量，单位为头/株、头/m^2、头/叶、头/枝等。

2.林木受害情况

林木受害情况可通过被害率和损失率进行统计。计算公式分别为：

$$\text{被害率（\%）} = \frac{\text{被害株（枝、叶、花、果）}}{\text{被查总株数（枝、叶、花、果）}} \times 100 \qquad (17\text{-}2)$$

$$\text{损失系数（\%）} = \frac{\text{健康单株产量} - \text{被害株单株产量}}{\text{健康单株产量}} \times 100 \qquad (17\text{-}3)$$

$$\text{损失率（\%）} = \frac{\text{损失系数} \times \text{被害率}}{100} \qquad (17\text{-}4)$$

四、作业

1.以某片松、桉、杉林为目标林分，调查各林分不同取食习性昆虫的发生情况，计算其危害程度、虫口密度和被害率。

2.根据作业1的结果，针对优势害虫种类，撰写一份科学、合理且可操作性强的预测预报及综合防控方案。

实习二 | *Field Practice 2*

森林昆虫标本采集、制作与保存

一、实习目的

森林昆虫标本采集、制作与保存可为实验教学和科学研究提供材料，是研究森林昆虫必须掌握的基本专业技能。通过森林昆虫标本采集、制作与保存的教学实习，学生可直接观察昆虫卵、幼（若）虫、蛹和成虫的外部形态特征，了解其生活栖境、活动节律及寄主（植物），不仅有助于学生在实习过程中进一步消化昆虫外部形态、生物学、生态学和分类学等基础理论知识，加深对基础理论知识的了解和运用，还有助于学生掌握森林昆虫学研究的基本专业技能，培养其对专业的兴趣和认同感。

二、采集工具

（一）捕虫网

捕虫网是森林昆虫标本采集最常用的工具，按结构和用途不同，可分为3种类型。

1.捕网

（1）普通捕虫网

主要用于采集近地面飞行的蝴蝶、蜂类、蜻蜓等昆虫种类。主要由粗铁丝弯成的网圈（直径33cm）、白色纱帐制成的网袋（长65 ~ 70cm）、木柄或可伸缩的铝合金柄（长1m）及连接网圈和木柄的金属或塑料套管组成。网袋口用布镶边，内穿网圈（图18-1A）。

（2）高网

主要用于采集飞行高度较高或位于高大树冠层上的昆虫种类。其构件与普通捕虫网基本相同，不同的是此网的网杆多为可伸缩式，完全伸长时为8 ~ 10m。

2.水网

主要用于采集水生昆虫。包括圆形水网和“D”字形水网。圆形水网主要由铝纱、塑料网圈和塑料柄构成，类似漏勺，市场有售（图18-1B）。“D”字形水网主要由铜纱、粗铁丝制成的“D”字形网圈，木柄及连接网圈和木柄的金属或塑料套管组成（图18-1C）。

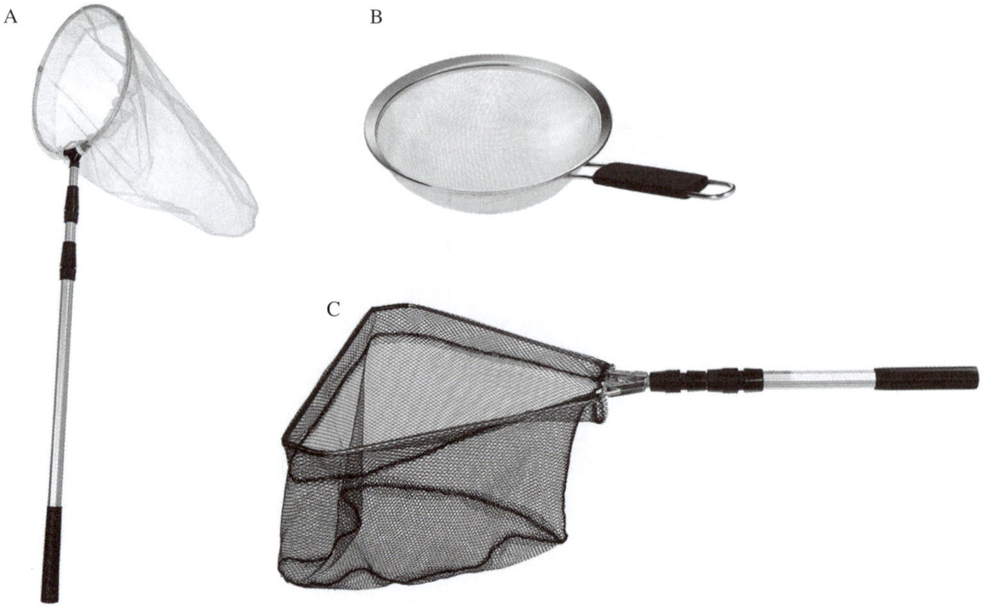

图18-1 捕虫网
A.普通捕虫网 B.圆形水网 C.“D”字形水网

3.阻断器

阻断器是一种“守株待兔”式的被动捕虫方法。常用的阻断器有2种。

（1）飞行阻断器

正常飞行的昆虫撞击到飞行阻断器后，滑落至其底部的收集器内，从而收集到昆虫标本。主要由半透明塑料膜、塑料盒（桶）和铁丝构成。

①长期定点收集昆虫的设置方法：在林间随机选择4株距离较为合适的植株，在其2m高左右处用铁丝将2株植株相连，2根铁丝必须平行。将塑料膜横跨在2根铁丝上后继续下放直至接触地面，形成“Γ”形，其中上方的塑料膜作为雨罩，后方的塑料膜作为阻断器，塑料膜用铁夹固定。在阻断器最下方横排放置若干盛水的塑料盒作为接虫器（图18-2A）。

②临时收集昆虫的设置方法：同①，不同的是可不用设置雨罩。

（2）马氏网

主要用于采集飞行或爬行的昆虫种类，利用其向光性，使其向上爬行，进入设置在顶部的收集器中，从而获得昆虫样本。虽然马氏网的类型多样，但构件基本相同，主要由铁丝（或尼龙绳）、纱网、塑料瓶和乙二醇组成。设置方法：在林间随机选择4株距离较为合适的植株，将马氏网顶部的4个角用铁丝（或尼龙绳）分别拴在4株植株2m高左右处，将左右两侧黑色纱网的4个角固定在地面上，利用正中间横跨左右两侧纱网的阻断器（黑色纱网）拦截飞行的昆虫。由于网体下部为黑色，顶部为白色，被拦截的昆虫会向上有光亮处爬行，直至爬行进入网体顶端右上角设置的收集器内（图18-2B）。

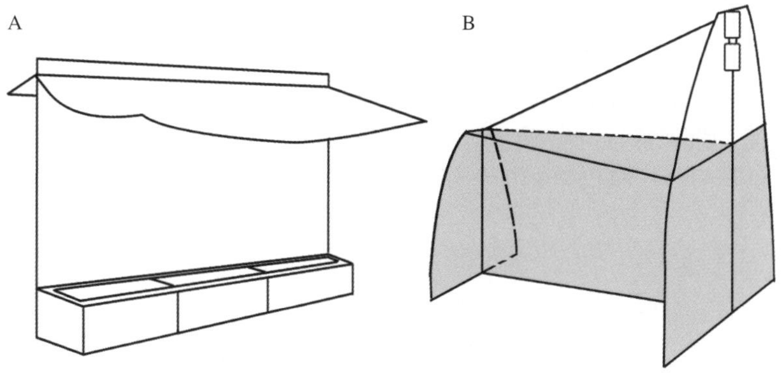

图18-2　阻断器
A.飞行阻断器　B.马氏网

（二）吸虫器

吸虫器是一种针对不易用手或镊子直接捕捉的小型昆虫（如蚜虫、寄生蜂、蓟马和粉虱等）的自制采集工具。利用吸气形成的气流将昆虫吸入容器内，从而获得昆虫样本。

不同昆虫采集人员设计的吸虫器样式不尽相同，但构件基本相同，主要由收虫器、硅胶管和移液枪吸头组成。一种制作方法是，将硅胶管的一端连接吸头，另一端连接具盖的收虫器；再将另一根硅胶管的一端连接收虫器，另一端供采集人员用嘴吸气。制作时，需将2根硅胶管连接收虫器处封严实，以免漏气。另一种制作方法是，将吸头设置在收虫器的一端，另一端连接硅胶管，硅胶管的末端连接洗耳球。采集时，先用力紧捏洗耳球不松开，排尽吸虫器内的空气，将吸头对准要采集的昆虫个体，松开洗耳球使吸虫器吸气，通过吸虫器内外的压力差将昆虫吸入收虫器内（图18-3A）。

（三）贝氏漏斗

贝氏漏斗是一种用来分离采自土壤或枯枝落叶层中微小型昆虫的采集工具。

当样本量较大时，需带回室内，使用贝氏漏斗分离昆虫。贝氏漏斗主要由玻璃缸或塑料漏斗、金属网格、钨丝灯、收虫器等构件组成。使用玻璃缸或塑料漏斗作为主要构件时，将金属网格固定在玻璃缸或塑料漏斗正中间，把采集到的土壤或枯枝落叶置于金属网格上，再将点亮的节能灯置于其顶部，土壤或枯枝落中的昆虫多具有负趋光性，会一直往深处钻，从而穿过金属网格，达到分离昆虫获取样本的目的（图18-3B）。亦可使用以漏斗形布袋作为主要构件的贝氏漏斗，并在其最下端安置接虫器。

（四）毒瓶（乙酸乙酯）

毒瓶（乙酸乙酯）是一种野外临时杀死活体昆虫的自制工具，主要是为了避免采集到的活体昆虫在临时保存装置中因相互挤压或打斗造成“缺胳膊断腿”的情况，从而保证标本的完整性，利于后期的形态鉴定。

由塑料瓶（管）、乙酸乙酯、棉团等组成。制作方法：在室内通风橱或室外通风良好的环境下，将少量乙酸乙酯倒进塑料瓶（管）中，再将棉团放入其中，让其充分吸收瓶（管）内的乙酸乙酯，以棉团完全湿润且瓶（管）内无积液为标准，然后盖紧瓶（管）盖，防止其挥发。瓶（管）外壁贴上“有毒”标志（签）（图18-3C）。不使用时由专人保管，外出采集时严格按照借用制度发放，用完如数回收。尽量不要用玻璃瓶，防止野外采集时玻璃瓶摔碎，影响人身安全。

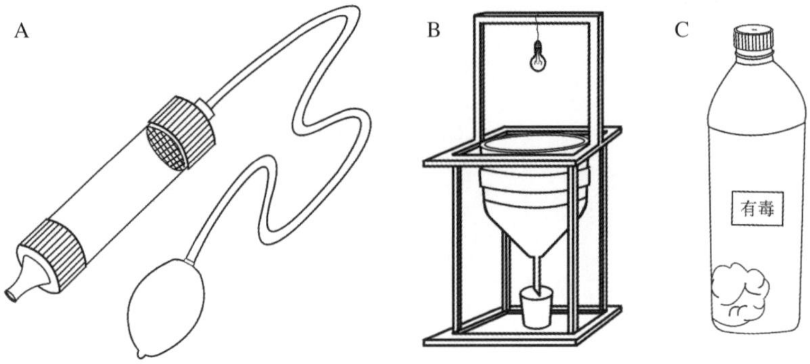

图18-3　吸虫器（A）、贝氏漏斗（B）和毒瓶（C）

（五）诱虫灯

诱虫灯是一种利用昆虫的正趋光性而设计的一套诱捕工具，主要用于采集有趋光性的昆虫。

由高压汞灯（或黑光灯）、收虫器、白色纱帐、电源和铁丝（或尼龙绳）等组成。目前，主要有固定式和流动式2种类型。固定式诱虫灯可通过市场购买，如太阳能虫情测报灯、频振式杀虫灯等，多用于长期的定点监测。在森林昆虫标本采集过程中，由于受到不同环境条件的限制，多采用流动式诱虫灯。主要设置方法是在林间随机选择2株距离较为合适的植株，用铁丝（或尼龙绳）将白色纱帐的4个角固定在2株植株中间，其中最上端和下端的2个角距地面分别约2m和0.5m高；也可采用市售的灯诱帐篷；也可将3根木棍同一端相互交叉，并用铁丝（或尼龙绳）绑紧，搭成类似三脚架的形状。将高压汞灯（或黑光灯）悬挂于白色纱帐上方，再连接固定电源或移动电源（如汽/柴油发电机等），实现利用灯光吸引昆虫的目的，从而获得昆虫标本（图18-4）。

（六）养虫笼（盒）

养虫笼（盒）是一种饲养昆虫的装置，主要用于饲养野外采集的，处于不能进行形态学鉴定虫态的昆虫。

养虫笼主要由纱网、不锈钢管或塑料管或木条等构件组成；养虫盒多为塑料制品，可选用无污染、无毒且可重复利用的塑料盒（两者均可购买市售产品）。自制木质养虫笼时，要保证一个框边处于可开关状态，或在某一边纱网正中开一个孔洞并连接长50cm左右的长袖筒，以便饲养过程的日常观察和管理。

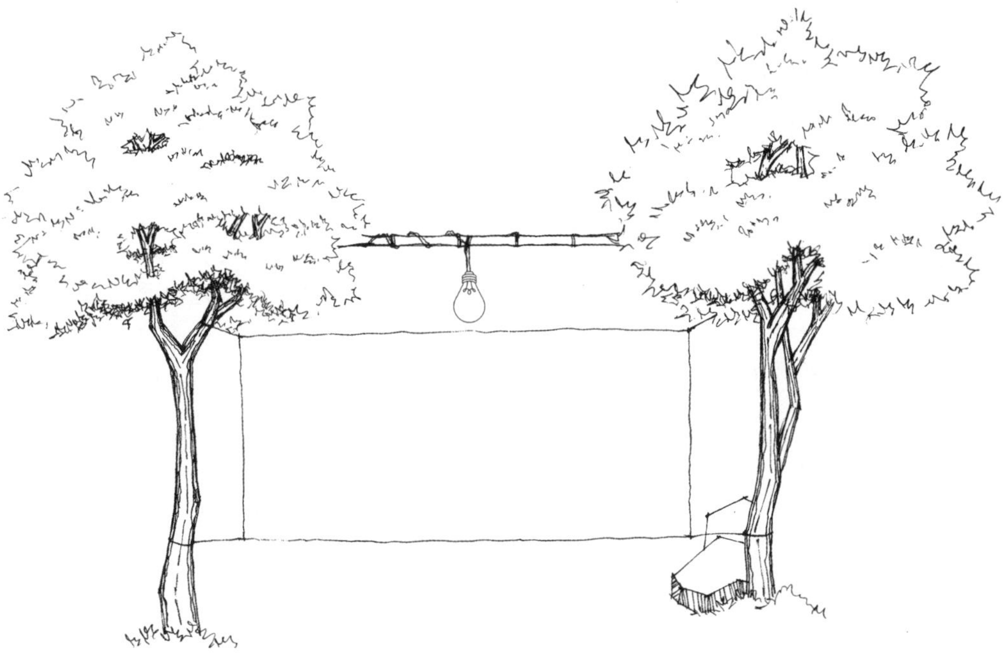

图18-4 诱虫灯

（七）三角纸袋和棉层纸袋

三角纸袋和棉层纸袋是一种野外临时保存经乙酸乙酯处理后的虫体的装置，主要保存鳞翅目、蜻蜓目、脉翅目、鞘翅目和膜翅目等昆虫。

三角纸袋主要由硫酸纸、废弃的打印纸或报纸等折叠而成。主要制作方法：将准备好的纸裁成长方形，沿长边对折，两侧各留出一条宽边，将两条宽边翻折，包住三角袋的边缘，形成封闭空间，再将斜边两侧露出的小三角翻折，扣住翻折的宽边（图18-5）。

棉层纸袋主要由脱脂棉块和牛皮纸组成。主要制作方法：将长方形牛皮纸沿中线对折，再将两侧长边向内折，随后选择其中任一短边内折，将脱脂棉块置于其内后，即可将虫体整齐摆放于脱脂棉块上，最后再将短边未折的那部分盖在虫体上即可。

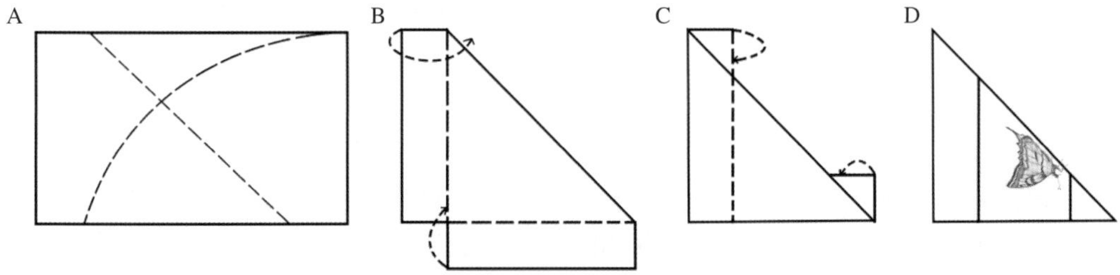

图18-5 三角纸袋制作流程

（八）采集信息记录表

采集信息记录表是一种用于野外临时记录标本采集信息的自制表格。主要用于记录昆虫名、寄主、采集地、经纬度、采集人和采集时间等。现场未能鉴定的昆虫种类可用自己能够识别的编号标注。

（九）塑料杯（壶）

塑料杯（壶）是一种用于采集地栖昆虫的自制装置。用于在设置地面陷阱时放置引诱物。

可用购买的市售塑料杯，也可利用废弃的塑料瓶（壶）自制。自制引诱杯的主要方法：将废弃的饮料瓶、食用油桶等塑料制品，根据需要沿合适的高度用剪刀将其一分为二，顶部和底部均可作为设置地面陷阱时放置引诱物的容器，再用较尖的利器在塑料（杯）桶底部钻数量不等的直径约2mm的小孔，便于在野外使用遇雨时及时排水。

三、采集方法

（一）搜寻法

在森林昆虫采集过程中，也可根据不同类型昆虫的为害特征通过目视法搜寻昆虫，从而顺利完成采集工作。需要注意的是，许多昆虫种类具有保护色或者拟态，经验丰富的采集者容易发现"猎物"，初学者需要多留意和观察，积累昆虫采集的经验。在实习过程中，老师可通过现场教学指导学生如何发现这类"伪装者"。

1.搜寻食叶昆虫

通常是搜寻昆虫幼虫为害后留下的相应特征。例如，幼虫为害后，通常留下残叶、叶柄或叶脉，严重时整株光秃无叶；植株底部或叶片上可见新鲜粪便。此外，潜叶性种类为害后使叶片呈现各种潜痕、污斑；卷叶、缀叶或褶叶种类为害后使叶片卷曲或缀合；袋蛾、鞘蛾缀叶形成各种形式的袋囊，躲在其内为害。通过上述特征，可判断该（附近）植株曾有食叶害虫的分布，然后精准定位到昆虫个体。如果发现的是幼虫，若需幼虫标本可直接采集；若需成虫标本，可用镊子将其转移至塑料盒或养虫笼中，通过饲养法获得成虫。如果发现的是成虫，较低处可用普通捕虫网，较高处可用高网捕捉。同时，在采集信息记录表中如实记载各项信息。捕虫网捕捉到成虫后的处理方法见网捕法。将三角纸袋和棉层纸袋中的标本带回室内后，要及时摊开晾干或整姿，避免标本腐烂。

2.搜寻刺吸昆虫

通常是搜寻昆虫成虫和幼（若）虫为害后留下的相应特征。例如，成虫和幼虫刺吸林木叶片、果实、树干等的汁液，会引起植物组织褪色，如叶片被害后逐步出现点状白斑，随后变黄等。由于部分刺吸昆虫（如蚜虫和木虱等）会分泌蜜露，并诱发林木产生煤污病，通过煤污病的症状也可搜寻到附近的刺吸昆虫；分泌蜜露的昆虫种类常伴有蚂蚁、蝇或瓢虫等发生，可根据这些伴随者定位蚜虫和介壳虫等种类。部分刺吸昆虫为害植物后，其叶柄、幼茎或枝干上会形成虫瘿，通过这些特征，可定位到刺吸昆虫。刺吸昆虫成虫和幼（若）虫多混合发生，同时获得多个虫态的概率较大。蚜虫、木虱、叶蝉和飞虱等小型昆虫可用吸虫器采集，介壳虫类可用毛笔、镊子等采集，并置于酒精中保存；蝉、沫蝉和广翅蜡蝉等中小型昆虫可用普通捕虫网或高网采集，置于毒瓶中熏晕后，置于三角纸袋或棉层纸袋中保存。同时，在采集信息记录表中如实记载各项信息。将三角纸袋和棉层纸袋中的标本带回室内后，要及时摊开晾干或整姿，避免标本腐烂。

3.搜寻蛀干昆虫

通常是搜寻昆虫幼虫为害后留下的相应特征。例如，天牛、吉丁虫、小蠹虫、木蠹蛾、透翅蛾和象甲等的幼虫在树干内隐蔽为害，初期其为害特征并不明显，后期在寄主植物树干上会发现一些通气孔，或在寄主植物基部可见成堆木屑或排泄物；蛀干昆虫为害林木导致其死亡的表现通常包括干基型、树冠型、偏枯型和全株型的特征，这些也有助于搜寻蛀干昆虫。通过这些为害症状，可定位到有蛀干昆虫发生的具体位置，如发现幼虫且需幼虫标本，则需要用工具截下有新鲜排泄物排出通气孔外的木段，然后劈开木段，采集幼虫，置于70%～75%的酒精中保存；如需成虫标本，可在受害植株及其附近植株上搜寻是否有成虫个体，如有，可通过普通捕虫网或高网采集，置于毒瓶中熏晕后，置于棉层纸袋中保存，若无成虫，则可通过饲养幼虫获得成虫标本。同时，在采集信息记录表中如实记载各项信息。将棉层纸袋中的标本带回室内后，要及时摊开晾干或整姿，避免标本腐烂。

4.搜寻地下昆虫

通常是搜寻昆虫成虫和幼（若）虫为害后留下的相应特征。例如，地老虎为害苗木接近地面的幼茎基部，咬断或咬伤幼苗；蛴螬能直接咬断幼苗的根、茎，造成幼苗枯死；蝼蛄会为害刚播下的种子，特别是刚发芽的种子。蝼蛄为害苗木后，幼苗根或茎基部被咬断，且伤口整齐；金针虫多在幼苗主根或幼茎基部附近为害，造成苗木逐渐凋萎或长势不良。通过这些为害症状，可定位到有地下昆虫发生的具体位置，但由于地下昆虫多生活在土壤中，因此需要在有幼苗枯萎或倒伏处挖土调查。地下昆虫成虫和幼（若）虫多混合发生，同时获得多个虫态的概率较大。如发现幼（若）虫且需幼（若）虫标本，则直接用普通捕虫网采集，并置于70%～75%的酒精中保存；如需成虫标本，可在受害植株附近搜寻是否有成虫个体，如有则可通过普通捕虫网采集，置于毒瓶中熏晕后，置于三角纸袋或棉层纸袋中保存；若无成虫，则可通过饲养幼（若）虫，从而获得成虫标本。同时，在采集信息记录表中如实记载各项信息。将三角纸袋和棉层纸袋中的标本带回室内后，要及时摊开晾干或整姿，避免标本腐烂。

5.搜寻种实昆虫

通常是搜寻幼虫为害后留下的相应特征。例如，果实外表有虫眼、虫粪；树冠基部有大量落果，且落果表面有虫粪。如发现幼虫且需幼虫标本，则直接用镊子采集，并置于70%～75%的酒精中保存；如需成虫标本，可在受害植株附近搜寻是否有成虫个体，如有，可通过普通捕虫网采集，置于毒瓶中熏晕后，置于三角纸袋或棉层纸袋中保存，若无成虫，可通过饲养幼虫获得成虫标本。同时，在采集信息记录表中如实记载各项信息。将三角纸袋和棉层纸袋中的标本带回室内后，要及时摊开晾干或整姿，避免标本腐烂。

（二）网捕法

网捕法是一种采集陆地上飞行或爬行速度较快或在水体生活的昆虫成（若）虫的方法。

使用普通捕虫网采集飞行的昆虫时，双手持网，网口迎向昆虫飞行的方向挥动，或网口朝上，待其进入挥击范围后，自下而上挥网捕捉。发现昆虫落入网袋中下部时，立即甩动网袋，并将其底部甩到网圈上（图18-6A），防止入网的昆虫逃逸。如昆虫飞行速度较快，可采用“8”字形的方式挥网，增加捕获昆虫的概率。使用普通捕虫网采集停息在植株上的昆虫时，双手持网，网口方向对准昆虫侧面，从左至右挥网捕捉。发现昆虫落入网袋中下部时，立即甩动网袋，并将其底部甩到网圈上，防止入网的昆虫逃逸。捕捉到蝶蛾类、蜻蜓类时，可在网外用手捏压其胸部，使其丧失飞行能力后取出置于毒瓶中，熏死后再将其放入三角纸袋中。转移鳞翅目昆虫过程中，尽量用手捏住其胸部，减少人为对翅上鳞片的损伤；捕捉到甲虫类、蝗虫类和蝽类时，可直接将其放入毒瓶中，熏死后再将其放入棉层纸袋中；捕捉到具螯针的蜂类时，可用毒瓶隔着网袋套住虫体，使其活力下降后再用镊子取出，置于毒瓶中，熏死后再将其放入棉层纸袋中。同时，在三角纸袋和棉层纸袋外如实记载各项采集信息。

普通捕虫网无法采集在高处飞行或在高大林木树冠上层的昆虫时，可使用高网。由于高网较长，挥网速度和准确度不及普通捕虫网，因此，其采集方法与普通捕虫网也略有差异。使用高网采集在高处飞行的昆虫时，需采用“守株待兔”的方法，双手持网，网袋高度与靶标昆虫飞行高度接近，待靶标昆虫飞抵高网附近时，迅速瞄准对象，甩网和扣网。高大乔木开花时，会吸引较多的昆虫在树冠上层访花。此时，采集高大林木树冠上层花朵上的昆虫，可用高网自下而上兜住花簇，用力抖动网袋，双手扭转网柄，使网口封闭网袋，迅速收杆。将两种方法采集到的昆虫取出后置于毒瓶中，熏死后再将其放入三角纸袋或棉层纸袋中。并在三角纸袋和棉层纸袋外如实记载各项采集信息。

采集水生昆虫时，使用水网。在静水环境中采集水生昆虫时，采集者站好位置后，双手持网，网袋置于水中，双手用力稳住网柄并往前方走动，待目标物（如水草、水底沉积物）进入网袋后，左手稳住网柄，右手往下按压网柄，使网袋露出水面。然后拿至岸边，挑出网袋内的昆虫成虫和幼（若）虫，或将网袋内的混合物倒进网筛中，置于浅水处，待虫体活动时，将其捕获。在流动水体（如小溪、河流）采集水生昆虫时，采集者可在下游较窄且水流必经处，设置一个“D”字形水网，然后在上游人为搅动，待激起的底泥和水生昆虫顺流而下进入水网后，参照上述方法将水生昆虫挑出。将采集到的水生昆虫取出后置于毒瓶中，熏死后再将其放入棉层纸袋中。并在棉层纸袋外如实记载各项采集信息。

当使用上述方法采集到昆虫卵、幼虫和蛹时，可用镊子直接放入酒精瓶中。如需进一步鉴定，可采回并置于塑料盒或养虫笼中，待其羽化为成虫后再鉴定。同时，在采集信息记录表中如实记载各项信息。

将三角纸袋和棉层纸袋中的标本带回室内后，要及时摊开晾干或整姿，避免标本腐烂。

注意：在林区使用网捕法采集昆虫的过程中，切记要多看脚下，缓慢前行，避免因追逐采集飞行昆虫而发生摔伤、扭伤或被蛇虫咬伤等情况的发生；使用高网的过程中，因网柄多为导电材料，切记要远离空中架设的电线，避免触电。

（三）震落法

震落法是一种利用昆虫假死习性采集昆虫的方法。

很多昆虫（如甲虫和竹节虫等）在受到轻微的人为干扰时，即出现立即坠地假死的情况。在搜寻过程中，如发现这类昆虫，可将雨（太阳）伞撑开倒提，并置于昆虫下方，轻摇枝干/叶片，使昆虫假死掉入雨伞中（图18-6B）。也可将白布单置于林木下方，震动树干使有假死性的昆虫落在树底下铺放的白布单上。将采集到的昆虫取出后置于毒瓶中，熏死后再将其放入棉层纸袋中。并在棉层纸袋外如实记载各项采集信息。将棉层纸袋中的标本带回室内后，要及时摊开晾干或整姿，避免标本腐烂。

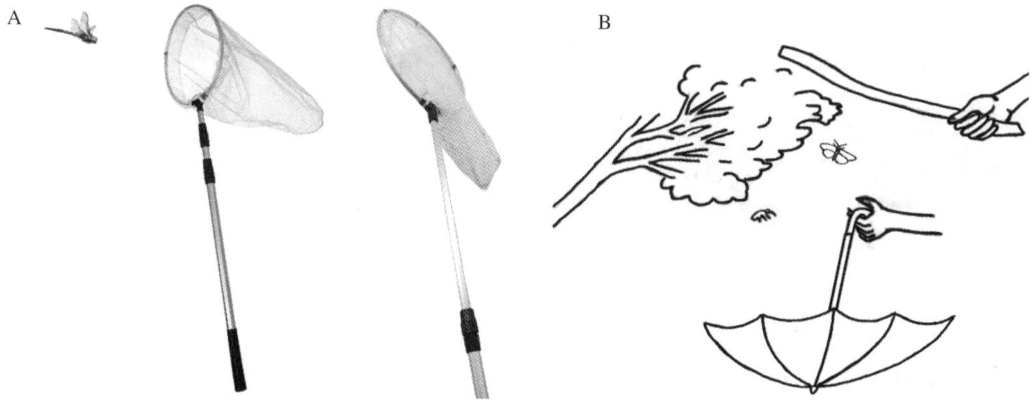

图18-6 网捕法（A）和震落法（B）采集昆虫

（四）灯光诱捕法

灯光诱捕法是一种采集有趋光习性昆虫的方法，常见种类包括蛾类、金龟子和蝼蛄等。

于晴朗闷热、月光较暗的傍晚，在面向良好植被山体的开阔地设置诱虫灯，天刚黑时开灯，此时采集者应尽量远离诱虫灯，以免影响光源的扩散。待昆虫飞抵白色纱帐或灯诱帐篷上时，用毒瓶口套住虫体，使其直接掉进毒瓶中，迅速盖好盖子，待熏死后再将其放入三角纸袋或棉层纸袋中，并在袋外如实记载各项采集信息。将三角纸袋和棉层纸袋中的标本带回室内后，要及时摊开晾干或整姿，避免标本腐烂。

如设置诱虫灯处离电源较近，可直接拉电线连接；在林间无电源的情况下，可使用发电机发电。

注意：由于诱虫灯连接了电源，在采集过程中，需注意用电安全；此外，夜间灯诱，光线较暗，应注意脚下，避免摔倒、踩空和被蛇虫咬伤等情况的发生。

（五）陷阱法

1.杯（桶）诱法

杯（桶）诱法是一种利用生活在地表的昆虫对某些发酵物有正趋性而设计的采集方法，常见种类包括地老虎、蝼蛄、金针虫、步甲、隐翅虫、螽斯和葬甲等。

在林间用兵工铲挖一个大小与塑料杯（桶）相近的坑，将塑料杯（桶）垂直放入坑中，保证杯（桶）口与地表平齐，并在其四周填土（图18-7A）。将巴氏诱剂（糖：醋：白酒为1 ： 1 ： 1）、马粪、酒糟、鱼肉等引诱物倒入塑料杯（桶），并在附近树干或枝条上挂红色塑料袋等颜色鲜艳的物体做标记，随后即可离开林地，次日或定期检查。如设置的采样周期较长，还需在塑料杯（桶）上加设一个防雨盖。检查时，如诱捕到的昆虫仍为活体，则用镊子将陷阱中的昆虫转移至毒瓶中，熏死后再将其放入三角纸袋或棉层纸袋中，并在袋外如实记载各项采集信息。将三角纸袋和棉层纸袋中的标本带回室内后，要及时摊开晾干或整姿，避免标本腐烂。

2.（性）信息素诱捕法

（性）信息素诱捕法是一种利用人工合成的某种昆虫（性）信息素吸引其异性个体，从而达到采集目的的方法。

用此法采集昆虫时，先要明确采集对象已有成熟的（性）信息素诱捕技术，且诱捕器和诱芯容易从市场上获得。例如，通过（性）信息素诱捕松褐天牛常用的诱捕器和诱芯分别是ZM-80B型诱捕器和APF-Ⅰ持久型诱芯（图18-7B）。在林间合适的位置安装诱捕器和诱芯后，在其附近树干或枝条上挂红色塑料袋等颜色鲜艳的物体做标记，随后即可离开林地，次日或定期检查。检查时，如发现接虫器内有枯枝落叶等杂物，应先清除杂物，再取出昆虫；如无杂物，则可直接将接虫器内的活体昆虫倒入毒瓶中，熏死后再将其放入三角纸袋或棉层纸袋中，并在袋外如实记载各项采集信息。三角纸袋和棉层纸袋中的标本带回室内后，要及时摊开晾干或整姿，避免标本腐烂。

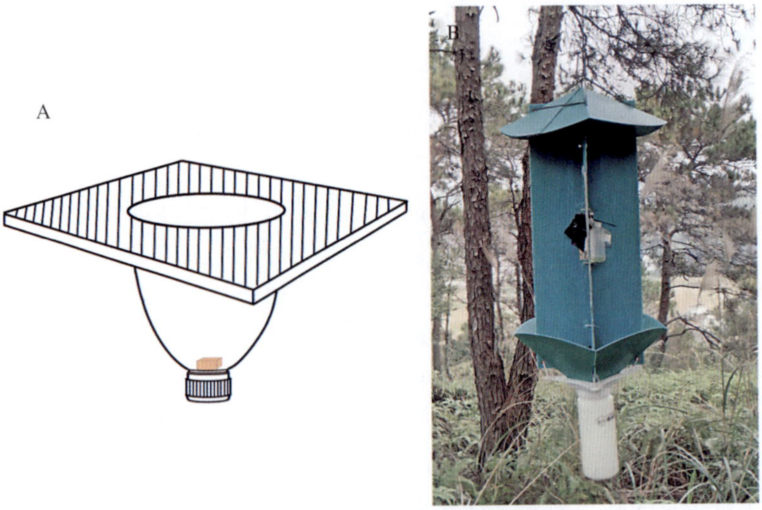

图18-7 陷阱法采集昆虫
A.杯（桶）诱法 B.（性）信息素诱捕法

3.阻断法

阻断法是一种通过阻断器或马氏网采集昆虫的方法。

根据前文描述的阻断器和马氏网的安装方法，在野外安装好阻断器或马氏网后，定期检查。由于阻断器和马氏网的接虫器内均放置有少量水，检查时会发现掉入其内的昆虫多已死亡，将接虫器内的昆虫倒入筛网中滤去水分，用镊子取出昆虫放置在吸水纸上，待体表水分略吸干后，再将其放入三角纸袋或棉层纸袋中，并在袋外如实记载各项采集信息。将三角纸袋和棉层纸袋中的标本带回室内后，要及时摊开晾干或整姿，避免标本腐烂。

注意：陷阱法采集结束后，应将塑料杯（桶）、标记用的塑料袋、诱捕器、诱芯、阻断器和接虫器等不易自然分解的物体全部收回，以免污染林间生态环境。

（六）分离法

分离法是一种利用贝氏漏斗分离枯枝落叶层和表土层中昆虫的方法。利用此法采集的昆虫多为小型的甲虫，如隐翅虫等。

如野外采集少量枯枝落叶或土壤内的昆虫，可现场将其置于筛网中，用力抖动，使其内的小型昆虫落入下层，再用吸虫器收集并转移至毒瓶中；然后，轻拿筛网中未落入下层的树叶等，仔细检查筛网上是否有未落入下层的昆虫。如有，可根据昆虫个体大小选择合适的采样工具，并将其置于毒瓶中，熏死后再将其放入三角纸袋或棉层纸袋中，并在袋外如实记载各项采集信息。

如果要分离的样本量太多，也可将其带回室内，分批次置于贝氏漏斗金属网格上，然后点亮金属网格上方的电灯，大部分昆虫数日后会进入接虫器中，取下接虫器，并根据昆虫个体大小选择合适的采样工具，将昆虫置于毒瓶中，熏死后再将其放入三角纸袋或棉层纸袋中，并在袋外如实记载各项采集信息。

将三角纸袋和棉层纸袋中的标本带回室内后，要及时摊开晾干或整姿，避免标本腐烂。

（七）饲养法

野外采集过程中，经常在枝叶上碰见昆虫的卵、幼虫和蛹，但又无法鉴定其具体的种类。此时，可以选择将其连同寄主植物枝叶置于养虫笼（盒）内，并用湿润的棉团包裹住枝条下端，保持枝条的鲜活度。同时，在采集信息记录表中如实记载各项信息。采集卵、幼虫或蛹带回室内，置于室温或恒温箱中饲养，每日为幼虫更换新鲜枝叶；需要土壤才能化蛹的种类，可在幼虫进入高龄期时，在养虫盒内放置一层厚约5cm的疏松土壤供其化蛹。成虫羽化后再进一步鉴定，并将其制作成标本。

如果是在朽木中发现昆虫卵、幼虫或蛹，且又无法现场鉴定其具体的种类时，可将其连同朽木一起置于养虫盒内，在采集信息记录表中如实记载各项信息。带回室内置于室温或恒温箱中饲养，如果该虫取食朽木，则提供野外带回的原木；如果是捕食性种类，可投喂黄粉虫。通过饲养，待其羽化后再进行形态学鉴定和标本制作。

采集到卵、幼（若）虫和蛹且不需要获得成虫虫态时，可将其浸泡于随身携带的

70%～75%酒精瓶中。如是需进行基因测序的标本，应选用纯酒精。昆虫标本置于酒精瓶中后，拧紧瓶盖，并在其外壁贴上写好的采集信息标签。

四、标本制作工具及方法

采集到的昆虫需要使用适当的工具，经过一定的流程制作成不同类型的标本。制成的标本有利于其长期保存、教学和科学研究。

（一）针插标本的制作工具及方法

1.制作工具

（1）还软缸（盒）

还软缸（盒）是一种用于将僵硬昆虫标本还软的工具。如果采集带回的昆虫个体肢体柔软，则无需利用还软缸（盒），可直接进行标本的展翅或整姿；如果带回的标本已经僵硬，则需先用还软缸（盒）还软，然后才能进行标本的制作。

还软缸由玻璃缸、透气隔层和缸盖组成（图18-8A）。先在缸底部加少量水，并加入少量酒精防霉，放上隔层且不接触水，再将三角纸袋或棉层纸袋放在隔层之上，盖好缸盖，利用缸内的湿气使标本还软，1～2d后检查还软效果。如果标本肢体可完全展开且不反弹，则认为还软效果好；如果标本肢体展开后又反弹回原处，则需继续还软。多应用于标本还软数量较多时。

还软盒由一次性塑料盒、小泡沫（石/铁）块和盒盖组成（图18-8B）。首先，往盒内加少量水，并加入适量酒精防霉，将小泡沫（石）块置于盒内中间处，将三角纸袋或棉层纸袋放在小泡沫（石）块上，盖好盒盖，利用盒内的湿气使标本还软，定期检查还软效果。判断标本是否还软的标准同还软缸。多应用于标本还软数量较少或在野外临时还软。

（2）昆虫针

昆虫针是一种用于固定昆虫虫体的工具，由不锈钢制成。昆虫标本准备好后，除体型极小的昆虫外，一般均采用针插法制作标本。昆虫针按照其粗细和长短的不同分为000号、00号、0号、1号、2号、3号、4号、5号、6号和7号共10种（图18-8C）。其中，000号昆虫针最细，7号昆虫针最粗，其直径分别为0.25、0.3、0.35、0.4、0.45、0.5、0.55、0.6、0.65、0.7mm。000～6号昆虫针长度均为37mm，7号为52mm。为将不同型号的昆虫针分开存放和保护针尖，可将同种型号的昆虫针集中存放于指形管中。

（3）三级台

三级台是一种统一昆虫标本、采集及鉴定标签在昆虫针上高度的工具，为一个有3个高度的阶梯形小木块。三级台底长7.5cm，宽3.0cm；三级台由低至高的高度分别为8mm、16mm和24mm，分别用来规定昆虫标本的高度、采集标签的高度和鉴定标签的高度。每个级台正中有1个针插小孔，制作标本时将昆虫针插入孔内，以统一昆虫标本、采集标签和鉴定标签的高度（图18-8D）。

（4）展翅板

展翅板是一种给昆虫展翅的工具，由“工”字形的木板架（泡沫架）和硫酸纸组成，木板架上装有两块表面平整的木板，木板上粘有5mm厚的泡沫板；两块板中间留空，其中一块固定不动，另一块可左右移动，以调节两板间的距离；中间留空处的正下方木架上铺有1块软木板或泡沫板，便于插针。展翅板长33cm，宽为3cm、6cm或9cm，以适用不同大小的昆虫（图18-8E）。也可按照木质展翅板的构架自制泡沫展翅板。

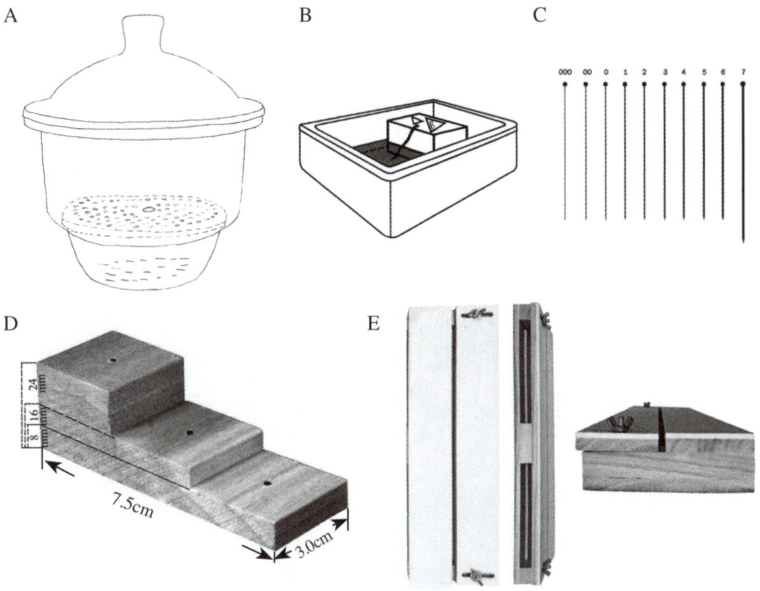

图18-8　昆虫标本的制作工具

A.还软缸　B.还软盒　C.昆虫针　D.三级台　E.展翅板

2.制作方法

待僵硬标本还软后（新鲜标本无需还软）即可制作针插昆虫标本，一般分为插针、整姿/展翅、烘干3个步骤。

（1）插针

中大型昆虫一般采用针插法制作标本，体型极小的昆虫采用二重插针法。插针时，一般将昆虫针插在昆虫中胸背板的中央偏右，既保持标本稳定又不影响虫体中央的特征。

中大型昆虫的插针以鳞翅目的蝴蝶和鞘翅目的锹甲为例。左手捏住蝴蝶胸部，右手将昆虫针于虫体垂直方向直接插在中胸背板中央，并在三级台最高一级上定高。插针过程中，切忌直接用手拿捏翅面，以免影响翅面特征；将锹甲放在泡沫板上，左手摁住虫体，右手将昆虫针插在右侧鞘翅基部的翅缝边。

由于昆虫类群多样，根据科学研究的需要，不同类群昆虫的插针位置略有不同（图18-9中昆虫胸部或翅上的黑色圆点表示插针位置）。例如，直翅目昆虫插针时，需插在前胸背板中部、背中线稍右的位置；半翅目昆虫插针时，插在中胸小盾片前端中央偏右的位置；同翅目和脉翅目昆虫插针时，插在中胸正中央的位置；双翅目昆虫插针时，插在中胸偏右的位置；膜翅目和蜻蜓目昆虫插针时，插在中胸背板正中央，从中胸胸足的中间穿出。

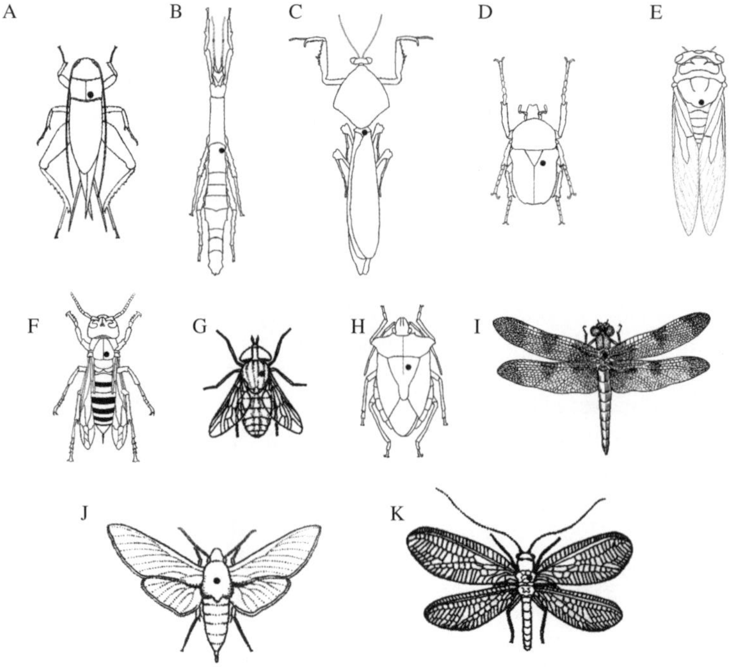

图18-9 昆虫标本的针插部位

A.直翅目 B.蝻目 C.螳螂目 D.鞘翅目 E.半翅目 F.膜翅目
G.双翅目 H.半翅目 I.蜻蜓目 J.鳞翅目 K.脉翅目
（A ~ H，仿汤亮等；I ~ K，仿Gullan & Cranston）

昆虫针插入虫体后，应保持与虫体垂直，标本不能出现前倾后仰的现象。昆虫针插好后，要将标本倒置，将有铜帽的一端放在三级台最低一个阶层正中的孔中，使铜帽至标本背部的距离正好是8mm，有助于保持所有标本的高度整齐划一（图18-10）。

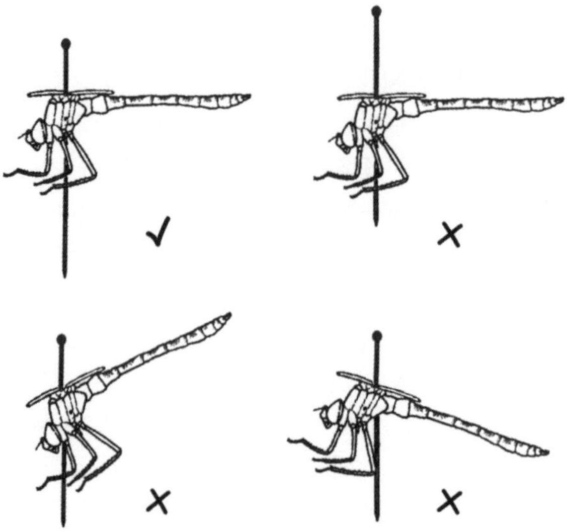

图18-10 昆虫标本的针插方式

体型极小的昆虫采用二重插针法。以隐翅虫为例，将普通卡纸剪成底边长4mm，高10mm的三角形卡片，用昆虫针针尖沾一点乳胶（或胶水），轻轻点在三角形卡片的尖端，将隐翅虫腹面置于乳胶上（如果标本足够，也可将背面或侧面置于乳胶上，从而获得不同体位的标本，便于日后的观察），并用昆虫针调整其姿势和位置。标本固定好后，将昆虫针垂直穿插三角形卡片的宽端，在三级台固定好高度后，再加插采集和鉴定标签（图18-11）。

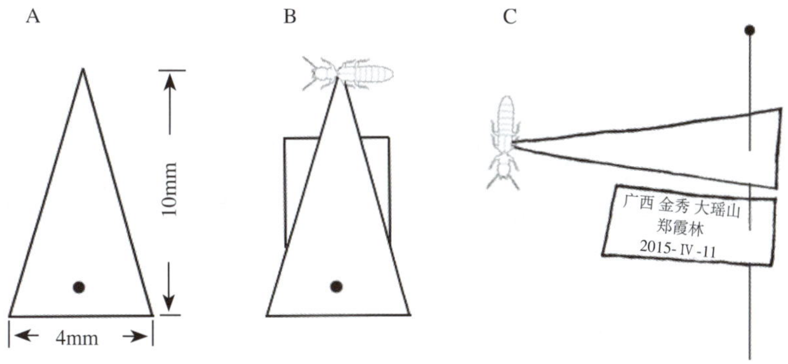

图18-11 昆虫标本的二重插针法
A.三角形卡片尺寸 B.二重插针法俯视图 C.二重插针法侧面图

（2）整姿

甲虫等可不用展翅的昆虫种类多采用整姿。通过整姿，可获得虫体左右较为对称且整体平衡感较好的、姿态较为统一的标本，有利于观察昆虫肢体的外部形态特征，也有利于增加昆虫标本的美感。昆虫整姿没有绝对统一的标准，操作者可根据个人理解制作有自己风格的昆虫标本。

昆虫整姿是利用昆虫针不同角度的受力固定昆虫附肢，使其达到自己理想中的姿态，从而完成整姿的过程。以锹甲为例，具体步骤：第一步，按照（1）插针中的方法在锹甲右侧鞘翅基部的翅缝边插好昆虫针后，将其放在泡沫板上，并在其上颚、前胸背板、鞘翅中部和端部两侧紧贴虫体处各垂直插入一根昆虫针，从而固定虫体，避免在后续整姿过程中出现虫体移动的现象（图18-12A）。第二步，如果锹甲的头部过低，可将一根昆虫针从上颚之间的唇基前缘中间插入，用以调整头部的高度（图18-12B）。第三步，调整一侧的前足，先用昆虫针垂直插在腿节和胫节相连处的内侧，再以此昆虫针为轴，用镊子将胫节至前跗节调整至向前伸，并在胫节两侧各用1根昆虫针，以交叉的方式固定住胫节；再用镊子将跗节和前跗节略向外侧调整，使其与胫节有一定角度，并用昆虫针交叉固定跗节；用镊子将前跗节的爪调整至勾住泡沫板，并用昆虫针固定住前跗节。以相同的方法固定另一侧的前足、1对中足和1对后足，调整中、后足时，其方向应与前足正好相反（图18-12C）。第四步，在触角柄节下方，将2根昆虫针交叉，并将柄节架在其上，使柄节与身体近乎垂直，触角其余部分调整至与柄节略大于90°的钝角，并用同样高度的若干根交叉的昆虫针将其架起（图18-12D）。第五步，用2根昆虫针分别将上颚须摆正，使其对称（图18-12E）。至此，锹甲标本的整姿完成。

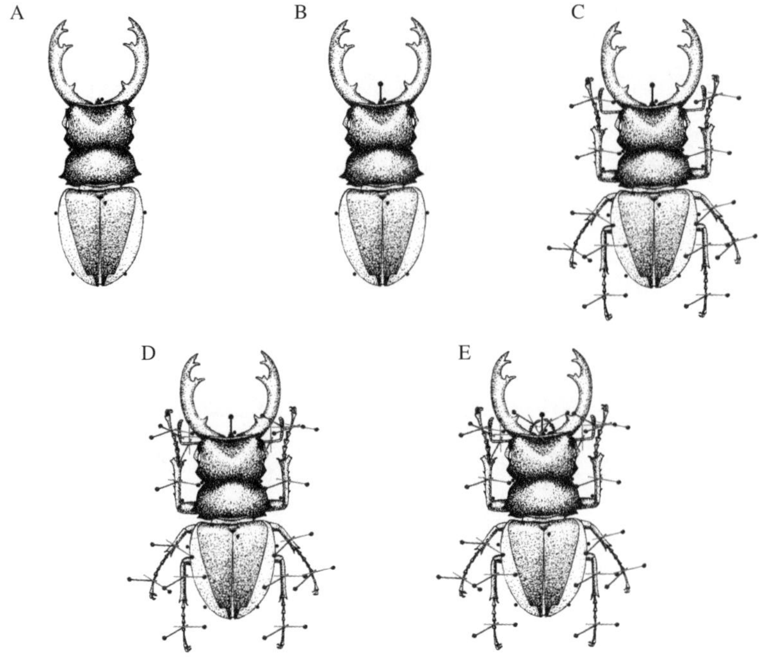

图18-12　锹甲标本的整姿

注：为便于观察锹甲整姿过程中的插针位置，部分图中隐去了锹甲的上颚、触角和足。

由于昆虫种类、形态和个体大小各异，昆虫足和触角的整姿方式也多变。昆虫足的整姿方法包括伸足法和缩足法。一般情况下，采用中足和后足腿节与体轴垂直的伸足法最为常见，如果足较长，腿节也可向前或向后适当倾斜，如天牛等（图18-13A）。缩足法也是昆虫整姿过程中常用的手法之一，主要是将足和触角尽量收紧，如步甲和金龟子等（图18-13B）。缩足法虽然节省了空间，也利于保护标本，但不利于后期对标本的观察。直翅目、螳螂目、蜚目昆虫足的整姿也可参考缩足法，但螳螂目前足要尽量展开，因为前足具有螳螂分类的特征。

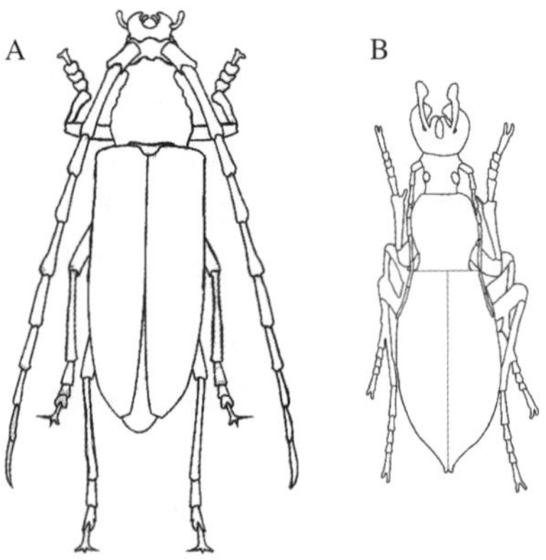

图18-13　昆虫足的整姿方法（仿汤亮等）

A.伸足法　B.缩足法

触角的整姿以能观察到其特征为准则。对于触角较短（尤其是触角多缩于体壁下方）的种类，可用昆虫针将其挑起和架起，如金龟子类、隐翅虫类和锹甲类等。对于触角达体长一半或几乎与体长相等的种类，可将触角拉直向前侧方摆放，如蜂类、蚁类、象甲类等；也可将触角向后方的体两侧摆放，如蝽类、步甲类、拟步甲类、虎甲类等。对于触角远远超过体长的种类，可将其盘卷起来，利于节省空间，如天牛类、螽斯类等。

在整姿过程中，如果昆虫肢体脱落，可用镊子将其夹起，用白乳胶或502胶水涂抹在脱落的一端，按原部位和形状对接，粘贴固定。体躯较大昆虫，粘贴物未干之前，为防止其再次脱落，可用昆虫针插上小硬纸卡片托扶在其下。

（3）展翅

部分昆虫种类需展翅后才能观察其翅正反面及体躯的特征。因此，这类群的昆虫需进行展翅。昆虫展翅的方法主要有正展翅法和反展翅法两种。

①正展翅法：是最常用的一种展翅方法，适用于蝴蝶、蛾类、蜻蜓和蝉类等。以蝴蝶为例，介绍其正展翅法的具体步骤。第一步，将插好昆虫针的蝴蝶放在展翅板正中，使其体躯正好落在两块展翅板中间的缝隙，稍用力将昆虫针插在展翅板下方的泡沫上，使蝴蝶固定于展翅板上，此时需注意昆虫针要垂直插于展翅板下方的泡沫上，不能倾斜（图18-14A）。第二步，用镊子将蝴蝶前翅和后翅稍展开，并用硫酸纸覆盖其上。将硫酸纸顶部用大头钉固定后，左手掀开覆盖在左前翅上的硫酸纸，用镊子夹住前翅前缘基部慢慢向前拉动，直至前翅后缘与展翅板沟槽垂直，迅速用左手隔着硫酸纸按住翅面，再将若干根大头钉钉在前翅前缘和外缘1mm左右处，使前翅固定不动。用相同的方法固定右前翅（图18-14B）。第三步，用左手掀开覆盖在左后翅上的硫酸纸，用镊子夹住左后翅大部，轻轻往前推，直至后翅前缘位于前翅后缘下方（前后翅重叠部位的颜色不同于翅面颜色，容易区分），迅速用若干根大头钉钉在后翅外缘和后缘1mm左右处，使后翅固定不动。用相同的方法固定右后翅（图18-14C）。第四步，矫正腹部、头部和触角。如果蝴蝶腹部和头部歪斜，可在其两侧插入昆虫针进行扶正。将蝴蝶触角向前侧方摆放，两边对称后，置于硫酸纸下方（图18-14D）。至此，正展翅法的步骤完成。

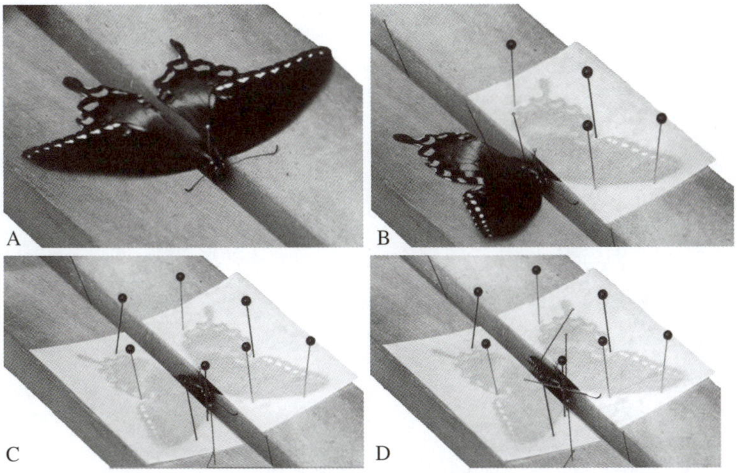

图18-14 正展翅法

蝉类和天蛾类昆虫因体型肥大，当展翅板中间调节的宽度不合适时，可弃用展翅板，选择泡沫板。先在泡沫板上用镊子、剪刀等工具挖一个较虫体稍大的长椭圆形坑，深度以虫体放进去后，翅基部正好落在泡沫板平面上为宜。再裁剪一块大小合适的硫酸纸，以大头针作为固定其翅的工具。展翅步骤同蝴蝶。

②反展翅法：从昆虫腹面对其进行展翅的一种方法，适用于体型较为宽胖的种类，如螳螂、蝉、蟑螂等。以螳螂为例，介绍其反展翅法的具体步骤。第一步，将昆虫针从螳螂的中胸腹面垂直插入，并固定在一块平整的泡沫板上。在前胸、后胸和腹部两侧分别插入昆虫针别住虫体，防止展翅时虫体转动（图18-15A）。第二步，将翅完全拉开，随后展翅的步骤同正展翅法（图18-15B）。第三步，展翅工作结束后，再进行足的整姿。先将其前足腿节用2根昆虫针固定，使腿节与体轴垂直；在腿节和胫节相连处的内侧插1根昆虫针，并将胫节调整至与腿节垂直，用2根昆虫针固定胫节；在胫节和跗节相连处的外侧插1根昆虫针，并将跗节调整至与胫节垂直，用2根昆虫针固定跗节。中、后足向后摆放，并用交叉插针法固定，插针时注意要在前、后翅中间的缝隙用针，以免伤及前、后翅（图18-15C）。第四步，用昆虫针将其头部摆正，并将触角调直，用交叉插针法固定（图18-15D）。至此，反展翅法的步骤完成。

在展翅过程中，如果昆虫肢体脱落，可用镊子将其夹起，用白乳胶或502胶水涂抹在脱落的一端，按原部位和形状对接，粘贴固定。体躯较大昆虫，粘贴物未干之前，为防止其再次脱落，可用昆虫针插上小硬纸卡片托扶在其下。

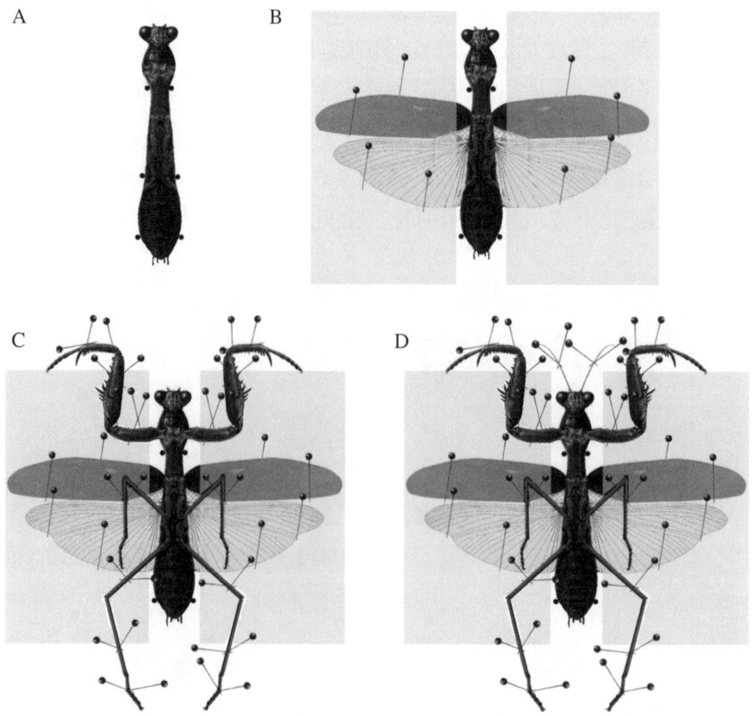

图18-15 反展翅法
注：为便于观察螳螂整姿过程中的插针位置，部分图中隐去了螳螂的触角、翅和足。

（4）烘干

标本整姿和展翅完毕后，将其放入烘箱中，连续烘烤至干。烘烤的时间可随烘箱温度的变化而调整。一般情况下，60℃烘烤3d，可达到干燥状态。

标本烘干后，用镊子夹住用于整姿或展翅的昆虫针，慢慢将针和硫酸纸取下，仅留插在昆虫体壁上的1根针。对于采用反展翅法的昆虫，还应将插在体壁上的针取下，翻转标本，再取一根稍粗的昆虫针，从昆虫背面沿原有针孔直接插入，并通过三级台固定标本高度。

注意：烘箱温度设置好后，其周围不要放置易燃易爆物品；烘箱地面要贴警示条；烘箱门壁上要贴高温警告标志。每天派专人定期检查，以免发生意外。无人值守的夜间或假期，应关掉电源。

（二）玻片标本的制作工具及方法

微小昆虫或昆虫部分器官可采用玻片制作标本。以粉蚧为例，其制作材料和方法如下。

1.制作工具

解剖针、玻璃皿、白炽灯、载玻片、盖玻片、吸水纸和双目体视镜。

2.化学试剂

75%酒精、100%酒精、10%氢氧化钾溶液、蒸馏水、酸性品红溶液、二甲苯-苯酚溶液和加拿大树胶等。

3.试剂配制方法

①10%氢氧化钾溶液。将10g氢氧化钾溶于90mL蒸馏水中。

②酸性品红。将1g酸性品红溶于10mL 95%酒精溶液中，再在此溶液中加入5mL冰醋酸或苯酚，后逐渐加入100mL蒸馏水，24h后，将品红溶液滤清。

③二甲苯-苯酚溶液。苯酚、二甲苯按体积比1 ∶ 3混合。

④加拿大树胶。将加拿大树胶溶于二甲苯配成稀液，注意不宜过稀，呈浓稠状即可。

4.试剂配制方法

①前处理。将活粉蚧置于75%酒精5min左右杀死；液浸标本直接进行下一步操作。

②透明。将虫体放入10%氢氧化钾溶液中浸泡并于白炽灯下加热。待虫体内含物溶解，虫体饱满膨胀时，在双目体视镜下，用解剖针在浸泡液中轻轻挤压虫体，使内含物顺自然裂口排出。也可用解剖针在虫体侧方扎数个小孔，引导内含物排出。直至虫体内含物全部溶解排出，虫体呈现透明时为止。注意在将内含物排除时，需保持虫体体型不变。

③清洗。将透明虫体移入蒸馏水中清洗数次，次数根据虫体透明程度而定。一般不少于3次，清洗浸泡总时间不少于0.5h。

④染色。将清洗后的虫体移入酸性品红溶液中，染色12 ~ 24h。具体时间视虫体骨化程度而定。

⑤褪色和固色。将染色后的虫体移入75%酒精中，褪色若干时间，待颜色呈浅红色时，将虫体移入100%酒精中终止褪色。

⑥固化。将完成以上处理的虫体移入二甲苯-苯酚溶液中，使虫体固化。

⑦封片。滴1滴二甲苯溶液于载玻片中央，将固化后的虫体移至其中，在双目体视镜下用解剖针整姿，摆正虫体位置。用吸水纸吸去多余二甲苯溶液，滴1滴加拿大树胶在稍倾斜放置的载玻片上，轻轻盖上盖玻片，排尽其中气泡，贴标签，风干后即可镜检。

注意：除酒精与蒸馏水外，其他试剂有一定毒性，切勿与皮肤直接接触；加拿大树胶不宜过稀，以解剖针可粘取1滴量的浓稠度为宜；使用过的试剂倒进废液桶中统一回收，切勿直接倒入水池污染水质。

（三）制作信息标签

展翅和整姿的昆虫标本烘干后，应给予其相应的信息标签，包括记载采集信息的采集标签，如地点、时间和采集人等（图18-16A）；记载鉴定结果的鉴定标签，包括中文名、拉丁名和鉴定人等（图18-16B）；标志该标本是定名模式的模式标签和标本数据库编号的编号标签。上述标签可在打印好的标签上用黑色水性笔手写，也可通过电脑排版后打印再裁剪。条件允许的情况下，一般优先使用电脑排版和打印。标签制作好后，通过三级台，将采集标签和鉴定标签等固定在昆虫标本下方合适的高度上。

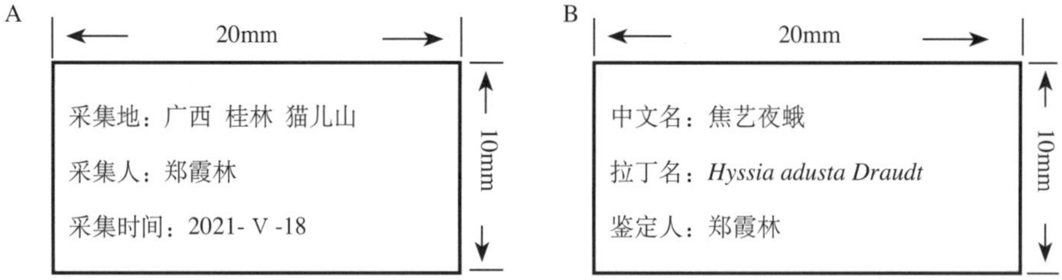

图18-16 昆虫信息标签
A.采集标签 B.鉴定标签

五、标本数字化

虽然昆虫经采集和制作成标本后，能保存较长的一段时间，但随着时间的推移，其体壁、翅等器官上的颜色或斑纹还是会淡化或缺失。因此，为了更好记住昆虫实物的真实“相貌”，为形态学鉴定提供便利，在野外采集过程中，若条件允许，可通过相机留下昆虫在自然条件下真实的“相貌”。在野外拍摄昆虫生态照的过程中，除拍摄虫体背面观、侧面观或腹面观外，还可通过相机记录其为害状、寄主和栖境等。此外，标本烘干后，也可及时对其拍照，避免标本长期保存后因褪色或蛀虫的破坏造成形态鉴定特征不明显或标本缺失的情况。拍摄时，要拍摄其背面观和腹面观。拍摄好的数字化昆虫照片，要注意备份，以免因电脑硬盘损坏造成数据丢失。

注意：野外拍摄时，根据现场需要决定是否开闪光灯；注意脚下安全，防止摔倒和蛇咬等情况的发生。

六、标本入库保存

将烘干后的带有相关信息标签的昆虫标本整理归类后，装入标本盒中。为防止标本在长期保存过程中受潮、发霉和虫蛀，要选择密封性好的标本盒，并在盒内四角固定1个樟脑丸。然后将标本盒置于密集柜阵列中，或置于有防潮（或加温）设备的标本室内。

注意：要定期检查，但梅雨季节或回南天不宜开展检查工作；如检查时发现标本发霉或标本下方有碎屑，要及时放入烘箱烘烤，以去除霉菌、杀灭蛀虫。

七、作业

1. 每位学生于室（野）外采集100种昆虫成虫，并制作成合格的昆虫标本。
2. 简述鳞翅目昆虫标本采集、制作和保存方法。
3. 简述鞘翅目昆虫标本采集、制作和保存方法。

实习三 | *Field Practice 3*

森林害虫药械及实训和认知训练

一、实习目的

了解森林害虫常用药械的用途、工作原理、结构、使用方法及注意事项等。

二、常用药械

施用农药的机械统称为植保机械，简称药械。药械的种类多，形式多样。按施用的农药剂型和用途，药械可分为喷雾机、喷粉机和喷烟机等。按配套动力，药械可分为手动药械、畜力药械、小型动力药械、大型牵引或自走式药械和航空喷洒装置等。按施液量多少，药械可分为常量喷雾、低量喷雾和微量（超低量）喷雾等。按雾化方式，药械可分为液力喷雾机、气力喷雾机、热力喷雾机、离心喷雾机和静电喷雾机等。

按药械配套动力分类，将几种常用药械介绍如下。

（一）背负式手动喷雾器

1.主要用途

背负式手动喷雾器是一种通过手动方式产生压力来喷洒药液的施药器具，主要适用于苗圃、苗木和绿篱等低矮处的小面积虫害防治。是目前林农及小型生产单位应用最为广泛的器具，具有操作灵活（可连续喷洒，也可点喷）和适用范围广等特点。

2.主要结构

由药液箱焊接件、唧筒、气室、出水管、手柄开关、喷杆、喷头、摇杆部件和背带系统组成（图19-1A）。其中，唧筒帽、唧筒、塞杆、皮碗、进水阀、出水阀和吸水滤网等组成往复活塞泵，是“动力系统”；胶管、直通开关、套管、喷管和喷头等组成喷射部件。喷头是喷雾器最为重要的部件之一，对喷雾质量起决定性作用。喷头由滤网、喷头冒、喷头体和喷嘴/片4部分组成；喷头的主要作用包括计量施药、决定喷雾形状和将药液雾化成雾滴。目前，生产上常见的喷头类型包括圆锥雾喷头、扇形雾喷头和其他喷头3种。

3.工作原理

通过摇杆部件的摇动，带动活塞杆和皮碗，使皮碗在唧筒和气室内轮回开启与关闭。当活塞杆和皮碗上行时，出水阀关闭，泵筒内皮碗下方的容积增大，形成真空，药液箱内的药液在大气压力的作用下，经吸水滤网，利用压力打开进水球阀，涌入泵筒中。当手柄带动活塞杆和皮碗下行时，进水阀被关闭，泵筒内皮碗下方容积减少，压力增大，出水阀被压开，所储存的药液进入空气室。由于活塞杆带动皮碗不断地上下运动，使空气室内的药液不断增加，空气室内的空气被压缩，从而产生了一定的压力，这时打开开关，气室内的药液在压力的作用下，通过出水接头，压向胶管，流入喷杆，经喷孔喷出。

（二）背负式机动喷雾（粉）机

1.主要用途

背负式机动喷雾（粉）机是一种既能喷雾又能喷粉的多功能机动植保药械。具有操作轻便、灵活、生产效率高、不受地理条件限制等特点，广泛用于较大面积苗圃、灌木、绿化带等低矮处虫害的防治。

2.主要结构

背负机主要由机架、离心风机、汽油机、油箱、药箱和喷洒装置等部件组成（图19-1B)。

机架总成是安装汽油机、风机、药箱等部件的基础部件，包括机架、操纵机构、减振装置、背带和背垫等部件。机架一般由钢管或塑料弯制而成。

离心风机多为小型高速离心风机，气流由叶轮轴向进入风机产生高速气流，将药液破碎雾化或将药粉吹散，是背负式机动喷雾（粉）机的核心部件。

药箱总成由药箱盖、滤网、进气管、药箱、粉门体、吹粉管、输粉管及密封件等组成，用于储存药液或药粉，并借助高速气流进行喷雾（粉)。

喷洒装置包括弯头、软管、直管、弯管、喷头、药液开关和输液管等，其主要功能是输风、输粉流和药液。弯头是改变风机出口气流的方向，并产生一定的负压（吸力）以利于输粉。软管是在作业时可任意改变喷洒方向；直管主要是增加喷管的长度；弯管是利于药液（粉）从喷口呈抛物线状喷出；喷头在喷雾作业时起雾化作用，目前，生产上常见的喷头类型包括弥雾喷头和超低量喷头。

弥雾喷头常用的有2种，分别为扭转叶片式和远程喷射式。

扭转叶片式由输液管、喷管和扭转叶片等组成。叶片扭曲成一定的角度，在每一叶片背面有一直径为2mm的喷孔，一般有7个叶片。喷头的喷孔一般为圆形，少数为方形。

远程喷射式由输液管、喷管和远射喷嘴等组成。喷嘴上的小孔在喷嘴上径向均布，一般有7个，孔径为2mm。液流成90°导入气流场，具有较远的射程。

超低量喷头常用的有2种，分别为齿盘式和转笼式。

齿盘式由驱动叶轮、分流锥、齿盘、输液管等组成。驱动叶轮有6个扭转为15°角的叶片。

转笼式由喷管、转笼、输液管和驱动叶轮等组成。径向分布许多微小喷孔的转笼，在借助高速气流作转速旋转的叶轮带动下，以同样速度转动。药箱内压力药液进入转笼，在离心力的作用下经小孔甩出而形成细小的雾滴，然后被流经喷管的高速气流吹送前方。

3.工作原理

由汽油机带动离心风机高速旋转，产生高速气流，将药液或药粉均匀雾化或吹散，从而获得一定的射程和喷幅（图19-1C)。

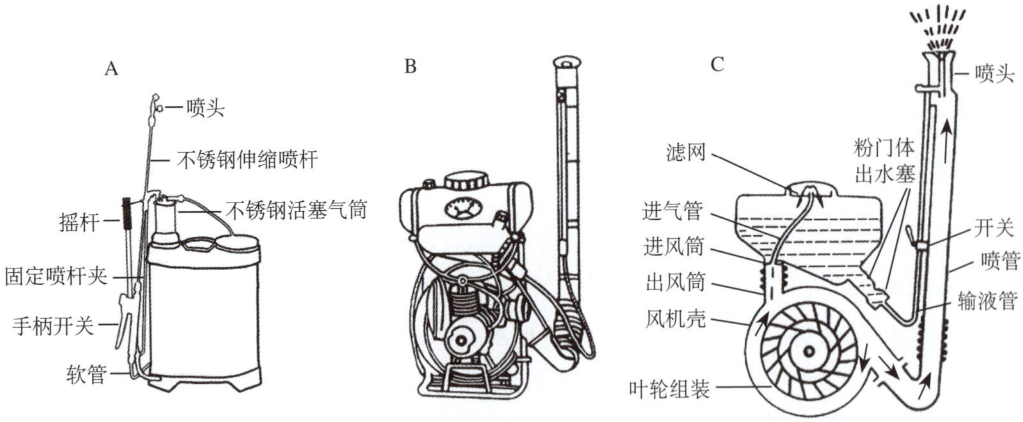

图19-1 背负式手动喷雾器（A）和机动喷雾（粉）机（B、C）（仿郑裴能等）

喷雾时的工作原理：离心机与汽油机输出轴直连，汽油机带动风机叶轮旋转，产生高速气流，其中大部分高速气流经风机出口流往喷管，而少量气流经进风阀门、进气塞、进气软管、滤网，流进药液箱内，使药液箱中形成一定的气压，药液在压力的作用下，经粉门、药液管、开关流到喷头，从喷嘴周围的小孔以一定的流量流出，先与喷嘴叶片相撞，初步雾化，在喷口中再受到高速气流的冲击，进一步雾化，弥散成细小雾粒，并随气流喷至前方。

喷粉时的工作原理：汽油机带动风机叶轮旋转，所产生的大部分高速气流经风机出口流往喷管，而少量气流经进风阀门进入吹粉管，然后由吹粉管上的小孔吹出，使药箱中的药粉松散，以粉气混合状态吹向粉门。由于在弯头的出粉口处喷管的高速气流形成了负压，将粉剂吸到弯头内。这时粉剂随高速气流，通过喷管和喷粉头吹向前方。

（三）车载风送式远程喷雾机

1.主要用途

车载风送式远程喷雾机自带动力、喷雾密度大、射程远、喷雾速度快、喷雾角度随意调节，且能与移动车辆（如货车、皮卡、电动三轮、汽油三轮和拖拉机等）配套使用，适用于地势较为平坦的人工林或天然林等林分的虫害防治作业。具有射程高远、穿透力强、喷雾均匀；自动化程度高，可减少劳动力的投入，日作业面积大，保护了操作者人身安全；适用于大面积林地等的害虫防治作业；雾化效果好，可降低农药的使用浓度和使用量，减少对环境的污染等特点。

2.主要结构

主要由电机、高压风机、水平旋转装置、仰角控制装置、导流筒、雾化喷嘴、高压泵和储水箱等组成（图19-2A）。

动力装置由发动机和功能电气控制柜组成，发电机可为压力机和风机及提供标准功率电能，电气控制柜控制整套喷雾机设备的喷雾工作状态。

电机动力推动高压泵把储水箱的水吸入，加压后输出，输送到喷头。

由风机和风力导流筒组成的强风导流装置将风机的强风气流集合、定向并强力喷出，使水雾顺向喷射。

储水箱为喷雾机提供喷射水源。

雾化喷嘴装置由高压水管和多个雾化喷嘴组成，安装在气流导流筒的前面出口位置，可将压力机送来的水流充分雾化，配合强风气流进行远程喷射。

仰角控制装置由油缸、液压马达、电磁阀、高压油管和液压伸缩臂组成，用于控制喷雾机喷筒的俯仰角度。

3.工作原理

将该设备安装在移动机车的车厢上使用。启动柴油机后，柴油机的输出轴带动风机的叶片高速旋转而得到高压气流。高压离心风机由两组（4片和8片）前向多翼弯曲叶轮构成，气体从一侧进入第一风扇叶轮，加速后穿过第一风扇叶轮进入第二风扇叶轮，然后排出。当叶片旋转时，风机中的空气就得到逐级加速，风机产生的高速气流送往喷雾装置，此时启动药液泵即可实现喷雾。由于柱塞泵是定量泵，药液在药液柱塞泵的作用下，泵出药液经药液管、三通接头到控制球阀分为两路，一路为多余药液流回药箱再次循环，另一路经管道和药液开关以一定的压力泵出到风机的出口处。在喷雾装置中，由于起涡器中叶片的弧面设计，高速气流在起涡器的作用下形成高速旋切气流，高速旋切气流可将液滴破碎成很小的雾滴喷出。随着机车的移动，可针对性地选择遭受害虫为害的林分或植株喷雾。

（四）手推式喷药机

1.主要用途

手推式喷药机操作简单、维修方便，使用安全；功率大、压力强、省药；自带万向刹车轮，具卷管器，有作业范围大，可喷雾、直流喷射等特点；适合野外环境条件下，人工林或天然林等林分的虫害防治作业。

2.主要结构

主要由汽油发动机、盘管器、加厚药桶、机架、万向刹车轮、三缸柱塞泵、高压喷管和可调节喷枪等组成（图19-2B）。

动力装置由汽油发动机提供，使用92#以上汽油，可持续提供强劲动力，保持良好的机动状态。

盘管器，通过手动摇动旋转把手，收放高压软管，更好地提供远距离的药物喷洒，省去来回搬运药物器械的麻烦。

加厚药桶，为泵体提供药液和水源。

机架，固定药桶及汽油机和管线位置，装载整套设备。

万向刹车轮，为机架提供可以移动的辅助装置。

三缸柱塞泵，由汽油燃油机提供动力形成高压真空将药液集合定向并强力喷出，将液体顺向喷射。

高压喷管，输送水或者药物。

可调节喷枪，用于调节出口的液体形状。

储水箱，为喷雾机提供喷射水源。

3.工作原理

该设备主要是将水与药液混合后通过压力将液体喷施到物体表面的药械。利用外带机械动力柴油机，通过皮带传送动力，高速旋转带动泵体做活塞往复机械运动产生真空高压输送药液。泵为液体的吸入、输入及回流提供动能，在压力的作用下，药液经药液管、三通接头到控制球阀分为两路，一路为多余药液，流回药箱再次循环，另一路经管道和药液开关以一定的压力输入高压管道，经由喷枪形成高压水流喷出。

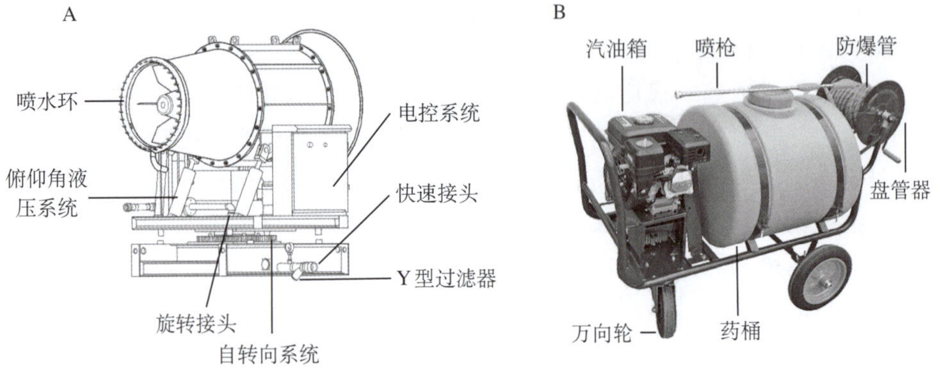

图19-2　车载风送式远程喷雾机（A）和手推式喷药机（B）外形图

（五）植保无人机

1.主要用途

植保无人机具有作业高度低、漂移小、可悬停在空中、无需起降机场，以及旋翼产生的向下气流有助于增加雾滴对林木的穿透力等优点。用于一定面积高大林木的虫害防治，从林木顶冠喷洒作业，解决了人工从树下喷洒药剂无法有效抵达树冠顶层而降低了害虫防效的缺陷。

2.主要结构

由飞行平台（多轴飞行器）、导航飞控和喷洒系统3个部分组成（图19-3A）。

飞行平台是动力系统，主要以电动机为主，是无人机的核心部分。电动的动力系统主要包括电机、电调、螺旋桨及电池。电机指将电能转化为机械能的一种转换器，由定子、转子、铁心和磁钢等部分组成。无人机的电机主要以无刷电机为主，通过螺旋桨旋转产生向下的推力。电调指电子调速器，用于将飞控板的控制信号转变为电流的大小，以控制电机的转速。螺旋桨是将电机转动功率转化为推进力或升力的装置。无人机上的电池一般是高倍率锂聚合物电池，具有能量密度大、重量轻、耐电流数值较高的特点。

导航飞控是无人机系统的“大脑”，主要完成飞行、操控、指挥控制和任务管理等功能。主要包括主控模块、相应的传感器部件（如全球定位系统、磁罗盘和雷达等）、地面控制模块（如遥控器和地面站）。飞行控制系统指在飞行中保持无人机姿态与航迹的稳定，包括俯仰、横滚和航向3个轴向的姿态稳定，并根据地面的指挥控制指令，改变飞机的航迹；操纵与指挥控制完成对无人机操纵指令的发布与指挥决策；任务管理负责完成导航计算、遥测数据传送、任务控制与管理。

喷洒系统包括药箱、水泵、喷头和相关传感器。

3.工作原理

植保无人机采取旋翼设计，四旋翼、六旋翼和八旋翼最为常见。通过电机的旋转使螺旋桨产生升力而起飞。例如，当六旋翼无人机的6个螺旋桨升力之和等于飞机总重量时，飞机的升力与重力相平衡，飞机就可以悬停在空中；当升力之和大于无人机总重量时，无人机能够向上飞起。通过遥控器将信号传递到传感器和电调来调节6个电机转速，从而改变旋翼转速，实现升力的变化，控制飞行器的姿态和位置。飞机升空后，通过地面遥控或导航飞控实现喷洒作业。

（六）直升机

1.主要用途

直升机作业速度快、效率高、时效性和突击力强，可在小面积场地垂直起降。在山区开展大面积高大人工林或天然林虫害的防控优势明显，且具有地面机械不可替代的作用。

2.主要结构

由座舱、动力装置或引擎、反扭矩系统、起落架和喷洒系统组成（图19-3B）。

座舱主要用于容纳载荷和机组人员，可将不同部分安装在一起或者容纳各种部件的机身。动力装置或者引擎是负责在引擎和主旋翼之间传递功率的传动装置，提供气动力以支持直升机飞行的主旋翼。反扭矩系统是为了防止直升机由于主旋翼扭矩而旋转的系统，如尾桨或涵道尾桨。起落架形式多样，包括滑橇、机轮、滑雪板或浮筒，主要用于直升机在不同类型的表面上起降。

喷洒系统主要由药箱、药液泵、喷杆、喷头、控制器构成。药箱存储各种作业药剂，根据作业需求存放各种浓度液体的容器。药液泵是将药箱内的药液通过压力压入喷杆、喷嘴，喷洒出去。喷杆安装在机身底部，喷头安装在喷杆上，一个喷杆可安装多个喷头，药液经过喷杆通过喷头，释放出工作液。喷嘴安装在喷头上，喷嘴型号多样，包括盘芯式喷头、空心锥喷头和扇形喷头等。

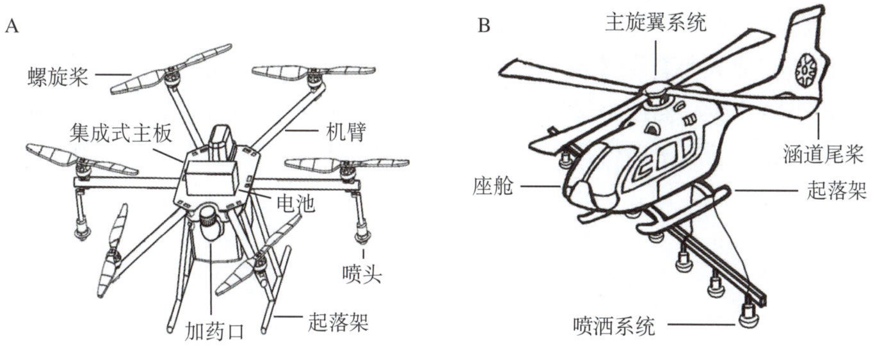

图19-3　植保无人机（A，仿Yang等）和直升机（B）外形图

3.工作原理

分单旋翼式和双旋翼式2类机型。在森林虫害防治过程中，多为单旋翼式机型。主要工作原理是，直升机发动机驱动旋翼提供升力，将直升机举托在空中，单旋翼直升机的主发动机同时输出动力至尾部的小螺旋桨，机载陀螺仪能侦测直升机回转角度并反馈至尾桨，通过调整小螺旋桨的螺距可以抵消大螺旋桨产生的不同转速下的反作用力。直升机升空到达指定区域后，打开喷洒系统，实现喷雾作业，并借助旋翼产生的向下气流增加药液在林木间的穿透性，提高防治害虫的效果。

三、常用药械使用方法的实训及认知训练

（一）背负式手动喷雾器操作实训

教学人员现场示范，学生现场实操。

1.施药前的准备工作

①了解气象条件。喷雾前要观察气象，确保喷雾前后2h左右不下雨。喷药时气温不宜太高，小于32℃为宜；风速不宜过大，小于3m/s为宜。

②检查喷雾器。药液放入喷雾器药箱前，要仔细检查摇杆转轴、喷雾器皮碗、开关、喷头等处是否漏水，是否能正常工作等。如有上述情况，应暂停施药，直至更换新的配件或喷雾器再继续后续工作。

③喷头的选择。目前，生产上常见的喷头类型包括圆锥雾喷头、扇形雾喷头和其他喷头3种。可根据喷雾作业的要求和植物的情况适当选用。一般情况下，喷洒化学杀虫剂多选用空心圆锥雾喷头。此外，还可根据植株大小和面积选择单喷头、双喷头、小横杆式三喷头和四喷头。

④做好个人防护。工作人员应穿长袖衣、长裤和鞋帽（或胶鞋）、并扎紧袖口，戴上口罩和手套，以确保个人生命安全。

2.施药时的技术要领

①加药。向喷雾器内加药液要用滤网过滤，加注药液时不能超过规定的药液高度。加药完毕后，立即拧紧药箱盖。

②加压。施药前，通过上下压动摇杆数次，使气室内气压达到工作压力。然后，打开开关，检验喷头喷雾是否正常。确定碰头喷雾正常后，关闭开关。

③施药。作业人员背上药液箱，进入施药区域后，拿起喷杆，喷头对准植株，打开喷头。通过不断地压动摇杆，使气室内的药液水位保持在一定高度，实现持续喷雾施药。施药过程中，保持喷头距离植株50cm左右，防止喷杆高度过高造成雾滴飘失；保持直立作业，不要过分弯腰，防止药液从药箱盖处流出溅到作业人员身上；手动加压时不要过分用力，防止将气室打爆；工作人员要勤看风向，要向下风向喷药；多看地面，避免踩踏苗木；规划路线，避免重叠喷药或漏喷；统一手法，喷药时应先上后下，由里至外，力求喷药均匀，不留死角。

④忌食。施药工作过程中或中间临时休息环节，严禁吸烟和饮食，以防中毒。待完成施药工作且完成清洗工作之后方能饮食。

⑤应急处理。若发生药液烧伤、灼伤、腐蚀人体或农药中毒等意外事故时，应立即用清水清洗或就医。

3.施药效果的评价

施药时要及时关注喷雾后植株上的着药量和均匀度；喷药后立即抽检是否还有遗漏未喷药的植株，尽量做到植株叶片上的药液均匀湿透，且无药液滴流。

4.常见故障及排除方法

①喷雾压力不足，雾化不良。可能的原因包括进水球阀被污物搁起；皮碗破损；连接部位未装密封圈或因密封圈损坏而漏气。排除的方法包括拆下进水阀，用布清除污物；更换新皮碗；加装或更换密封圈。

②喷不成雾且滴水。可能的原因包括喷头体的斜孔被污物堵塞；喷孔堵塞；套管内滤网堵塞或过水阀小球搁起。排除的方法包括疏通斜孔；拆开清洗喷孔，但不可使用铁丝或铜针等硬物捅喷孔，防止孔眼扩大，使喷雾质量变差；清洗滤网及清洗搁起小球的污物。

③喷雾时水和气同时喷出。可能的原因包括桶内的输液管焊缝脱焊；输液管被药液腐蚀。排除的方法包括焊补、更换新管。

④喷出的雾零散，不成圆锥形。可能的原因是喷孔形状不正或被脏物堵塞。排除的方法是拧下喷头帽调整，并清除喷孔脏物。

⑤气筒打不进气。可能的原因包括皮碗干缩硬化，磨损破裂；皮碗底部螺钉脱落，皮碗脱下。排除的方法包括将干缩的皮碗卸下放在机油或动物油中浸泡，至膨胀后再装上，更换破裂的皮碗，装好皮碗后拧紧螺钉。

⑥气筒压盖或加水盖漏气。可能的原因包括橡胶垫圈损坏或未垫平，凸缘是否与气筒脱焊。排除的方法包括更换垫圈、垫平垫圈，修补脱焊部位。

⑦开关漏水。可能的原因包括开关帽未拧紧，开关芯上的垫圈磨损。排除的方法包括旋紧开关帽，更换垫圈。

⑧开关拧不动。可能的原因是放置或使用过久导致开关芯因药剂的侵蚀而黏结。排除的方法是拆下零件在煤油或柴油中清洗。拆下有困难时，可在煤油中浸泡一段时间再拆卸，不可用硬物敲打。

⑨各连接部位漏水。可能的原因包括接头松动，垫圈未放平或破损，垫圈干缩硬化。排除的方法包括旋紧螺母，将垫圈放平或更换垫圈；在动物油中浸软后再使用。

⑩塞杆和压盖冒水。可能的原因包括气筒壁与气筒底脱焊，阀壳中钢球被赃物卡住不能与阀体密合。排除的方法包括焊补，清除赃物。

5.施药后药械的管护

①药械的清洗和保养。施药完成或更换不同药液时，应当将手动喷雾器彻底清洗。有未使用完毕的药液时，应遵照农药生产单位提供的处理方法存放或处理。然后，将少量清水倒入药液箱内，打开开关继续加压喷射，以便清洗喷射部件。同时，检查气室内有无积水，如有则应拆下水接头放出积水。清洗后的废水不能直接排放至河内、池塘，以防污染水源、毒杀水生生物。

②药械的保管。将喷雾器及部件存放在干燥通风处。长期不使用时，应当将皮碗活

塞浸泡在机油内，以免干缩硬化；将各金属部件清洗后涂上防锈油，以免生锈。

（二）背负式机动喷雾（粉）机操作实训

教学人员现场示范，学生现场实操。

1.施药前的准备工作

①了解气象条件。喷雾（粉）前要观察气象，确保喷雾（粉）前后2h左右无雨。大雾和露水较多的时间段不宜作业。有上升气流时不宜作业。作业时气温不宜太高，小于32℃为宜；风速不宜过大，小于2m/s为宜。

②检查喷雾（粉）器。药液/粉放入喷雾（粉）器药箱前，要根据作业需求（喷雾、喷粉、超低量喷雾），仔细检查各部件是否安装正确且牢固。例如，该药械的风机工作转速较高，在风机进风口要装进风网罩，以防异物吸入风机造成零件损坏，伤害作业人员。喷雾（粉）器作业前应先检查汽油机油路系统和电路系统，确保汽油机能工作正常。确认无误后，调整好汽油机的转速，低速运转2min左右，同时使用清水测试和检查设备是否出现漏水等情况。如无异样，可开展下一步工作。若出现漏水、汽油机转速不正常等情况，需重新安装或更换配件，并重复测试环节，确保喷雾（粉）器的正常运转。

③喷头的选择。目前，生产上常见的喷头类型包括弥雾喷头和超低量喷头2种。可根据具体的作业要求，选用合适的喷头。

④做好个人防护。工作人员应穿长袖衣、长裤和鞋帽（或胶鞋），扎紧袖口，戴上口罩和手套，以确保个人生命安全。

2.施药时的技术要领

①加药。加药不要过量，以免从过滤网出气口溢进风机壳里。药液必须过滤，以免残渣堵塞喷嘴。加药后要拧紧药箱盖，避免行走喷药时药液因震荡溢出。如果是粉剂，必须先关好粉门，同时应检查所加粉剂无结块且不含杂质。加粉后旋紧药箱盖。

②施药。低容量喷雾。启动发动机前，应将药液开关调至半闭位置。随后，启动发动机至怠速运转状态，背起喷雾（粉）器后，调整油门开关使汽油机稳定在额定转速，作业人员迅速进入预定路线后，开启药液手把开关开始喷雾。喷雾过程中要注意风向变化，作业人员一般在上风口，喷头在下风口。喷雾时要匀速前进，避免因忽快忽慢造成的重喷或漏喷。禁止喷管在喷药人员前方以“八”字形交叉方式喷洒，应向侧方喷药。转垄或转场时，应先关闭药液开关，减小或关闭油门。

喷粉。按要求将未结块和不含杂物的粉剂装入药箱中，启动发动机，背起喷粉器，进入预定路线后打开粉门操作手柄喷粉。喷粉时，选择从下风向处开始喷粉，喷粉者应处于上风处，喷头处于下风处，使用侧喷的方法。根据林区的地形地貌和风向，选择晴朗上午露水未干时间段喷粉较为适宜。喷粉时，如使用薄膜喷粉管，应先将喷粉管从手摇绞车上放出，再加大油门，使薄膜喷粉管吹起来。然后调整粉门喷粉。前行过程中，还应不时抖动喷管，防止喷管末端存粉，影响喷粉效果。应以3～4人为一组，轮流作业，避免个人作业时间过长而发生中毒事件。

超低量喷雾。参考低容量喷雾，但高毒农药不能进行超低量喷雾作业。此外，背负式机动喷雾（粉）机以汽油作动力燃料，应注意森林防火。

③忌食。喷雾（粉）过程中或中间临时休息环节，严禁吸烟和饮食，以防中毒。待完成施药工作且完成清洗工作之后方能饮食。

④应急处理。发现头痛、头晕、恶心和呕吐等症状时，应立即停止背机，离开施药现场，并及时就医。

3.施药效果的评价

施药时要及时关注喷雾后植株上的着药量和均匀度，喷药后要立即抽检是否还有遗漏未喷药的植株，尽量做到植株叶片上的药液（粉）均匀。

4.常见故障及排除方法

（1）汽油机

汽油机不能启动或启动困难：

①火花塞。可能的原因包括电极潮湿、积碳、间隙过大或过小、绝缘损坏、电极烧坏、火花塞未拧紧、火花塞与高压线接触不良。排除方法包括干燥、清除、调整、更换、拧紧火花塞等。

②供油系统。可能的原因包括油箱中燃油不足、油箱开关关闭、油箱盖通气孔堵塞、油箱开关堵塞、主量孔堵塞、浮子卡住、燃油被污染、燃油中有水、气缸内燃油过多、燃油混合比错误。排除方法包括加燃油、打开油箱开关、疏通通气孔、清洗油箱开关、疏通主量孔、修理或更换浮子、更换燃油、擦干火花塞、重新配制燃油等。

③高压线。可能的原因包括高压线破裂或松脱、电子块损坏、定子块损坏。排除方法分别包括更换或重新固定高压线、更换电子块、更换定子块。

④活塞。可能的原因包括活塞环磨损过大、活塞环折断、活塞环胶结。排除方法包括更换新环、清除赃物等。

汽油机功率不足：

①加大油门后转速下降或熄火。可能的原因包括主量孔堵塞、油路堵塞、供油不足、空气滤清器滤网堵塞、消音器及缸体排气管道积碳过多、供油过稀。排除方法分别包括疏通主量孔、清洗油路、清洗滤网、清除积碳、调整油针等。

②机体漏油。可能的原因是气缸、曲轴箱与缸盖密封不良。排除方法是修理或换机。

③两轴端漏油漏气。可能的原因是汽封损坏。排除方法是更换油封。

④运转时温度过高。可能的原因包括汽油机过热、燃烧室积炭。排除方法包括停机冷却或低负荷低速运转、清除活塞顶及气缸盖上的积碳。

⑤压缩压力不足。可能的原因是活塞、活塞环、气缸磨损。排除方法是更换活塞和活塞环。

汽油机转速不稳定：

①汽油机有敲击声。可能的原因包括活塞和/或活塞环与气缸磨损过大、活塞销孔与活塞销磨损、曲轴主轴滚动轴承磨损。排除方法包括更换活塞、活塞环、气缸、活塞销、轴承等。

②有金属敲击声。可能的原因包括汽油机过热、燃烧室积炭、汽油标号不符合规定要求。排除方法包括停机冷却或低负荷低速运转，清除活塞顶及气缸盖上的积碳，更换规定标号的汽油。

③汽油机断火。可能的原因包括浮子室有水和沉积机油、燃油中混有水、火花塞电极间隙错误、白金间隙错误、白金触点磨损或松动。排除方法包括清洗汽化器、更换燃油、将间隙调整至0.5 ~ 0.7mm，将间隙调整至0.25 ~ 0.35mm，更换或加固配件。

④汽油机运转中突然熄火。可能的原因包括燃油燃净、高压线脱落、火花塞积碳短路、油门绳断落。排除方法包括加注燃油、重接高压线、清除火花塞上的积碳、重接或更换油门绳。

(2) 喷雾喷粉部件

①喷雾减少或不喷雾。可能的原因包括喷嘴堵塞、开关堵塞、进气阀未打开、药箱盖漏气、汽油机转速下降、药箱内进气管不通畅、过滤网组合通气孔堵塞。排除方法包括清洗，开启进风阀，重新盖严，检查汽油机，重新安装、疏通等。

②接头漏水。可能的原因包括接头螺纹处松脱、喷雾盖板安装错误。排除方法包括重新旋紧、重新安装。

③手把开关漏水。可能的原因包括开关压盖未拧紧、开关芯上的垫圈磨损、开关芯表面油脂过少。排除方法包括旋紧压盖、更换垫圈、加涂油脂。

④药液进入风机。可能的原因包括进气塞与进气胶圈配合间隙大、进气胶圈被药液腐蚀、进气塞与过滤阀组合间进气管脱落。排除方法包括更换进气胶圈或进气塞周围胶布、更换进气胶圈、重新安装和加固部件。

⑤不出粉或不连续性出粉。可能的原因包括粉门打不开、粉剂中混有杂物、粉剂结块、粉剂潮湿、进气阀未开、吹粉管脱落。排除方法包括调整粉门拉杆，清除、破碎、晒干粉剂，打开进气阀，重新安装吹粉管。

⑥漏粉。可能的原因包括药箱底部夹紧板松动、粉盖密封垫损坏、药箱盖未盖正。排除方法包括旋紧、更换、重盖部件。

⑦不能调节喷粉量。可能的原因是粉门调节器失灵。排除方法是修理。

⑧粉进入风机。可能的原因包括吹粉管脱落、吹粉管与进气胶圈密封不严、加粉时风门未关。排除方法包括重新安装、封严风机，先关好风门再加粉。

5.施药后药械的管护

①药械的清洗和保养。使用结束后，应倒出箱内剩余的药液或药粉。遵照农药生产单位提供的处理方法存放或处理。用清水清洗机器上的油污、药迹，以及药箱及其他接触过药剂的物品。喷粉后，还需清洗化油器和空气滤清器；长薄膜管拆卸前应空机运转1 ~ 2min，尽量将其内残余的药粉吹净。检查配件是否完整、齐全。清洗后的废水不能直接排放至河内、池塘，以防污染水源和毒杀水生生物。

②药械的保管。清洗晾干后的机器置于通风干燥处，远离火源和化学药剂。长期不使用时，还应按照说明书的要求保养汽油机和易生锈的零部件。

(三) 车载风送式远程喷雾机使用技术的实训或认知训练

教学人员现场示范，学生现场实操或观摩。

1.施药前的准备工作

①了解气象条件。喷雾前要观察气象，确保喷雾前后2h左右不下雨。喷雾时气温不

宜太高，小于32℃为宜，无露水，风速小于3.5m/s。

②检查机动车及喷雾机。首先，要检查机动车汽（柴）油是否足够一个来回的班次，轮胎是否正常；发动机润滑油是否到油位；液压泵和增速箱内的润滑油是否到油位；分别向发动机和喷雾机、液泵、传动系统黄油嘴加注黄油、柴油、润滑油、润滑脂；隔膜泵气室充气。其次，做好喷雾机的挂接与安装，装水（药）等工作。严禁将泥沙、杂物等带入液箱，以免堵塞管道或损坏喷头等。安装完毕后，启动喷雾机且喷雾机运行正常后，在电控箱或遥控器上点击“药泵开”按钮，药液经高压泵的作用呈雾状由喷嘴喷至喷筒口，再经风机作用喷向前方。此时，要检查喷雾机各供液管道和喷嘴是否会漏液，喷嘴喷射是否均匀，如不均匀可对喷嘴进行调整或清理。最后，当确认喷雾正常后，根据现场实际情况，调整好喷量、喷幅、工作压力和风量风速。

③做好个人防护。工作人员应穿长袖衣、长裤和鞋帽（或胶鞋），扎紧袖口，戴上口罩和手套，以确保个人生命安全。

2.施药时的技术要领

①机器的启动。作业时，严格按操作规程操作，严禁先启动水泵，必须待风机运行正常后再按下药泵开关，以免造成液体倒流至轴流风机和喷筒内。风机转动后，勿靠近轴流风机进风口。若遇喷头堵塞或漏液，应先根据操作规范关闭供液管路开关或停机，再进行清理工作。

②喷雾角度的调整。

俯仰角喷射。首先应将送喷雾机喷筒两边轴耳上的压紧手轮旋松，俯仰角设定为-10°～45°。在电控箱或手持遥控器上点“向下”按钮，将喷雾机喷筒调整至所需喷射角度或人工手动控制喷射角度。

水平旋转喷射。水平旋转喷射角度设定为320°。点动水平旋转时，在电控箱或手持遥控器上点动“向左”或“向右”按钮，这时喷筒会“向左”或“向右”移动喷射，也可人工手动控制喷射角度。在地势不平的林区，建议人工手动控制。

③停机。必须先停水泵，再停风机。在喷雾机电控箱或手持遥控器上先按下“药泵停”按钮，1～2min后，在电控箱或遥控器上按下“风机停”按钮。在喷雾机电控箱上点动“向左”其“向右”按钮，将风机喷筒恢复至最佳安全位置。将压手轮锁紧。将喷雾机电源开关拨至“OFF”位置。将喷雾机手持遥控器左上角的“停机”拨钮拨至“关闭”位置。

3.施药效果的评价

药液在植株上的覆盖率在35%以上，漏喷面积≤5%；喷洒后植株上的药液滴落速度＜80滴/min，沉积密度≥15个/cm^2。

4.常见故障及排除方法

（1）不能吸水或压力不稳定

①检查吸水管是否有松动或漏气，如发现漏气，则将其拧紧或更换吸水管。

②检查吸水管有无堵塞，如堵塞，则清除杂物。

③打开开关静置数分钟，让存留的气体排出再关上。

④取下吸水室查看吸水活门是否堵塞，如堵塞则清除杂物。

⑤取下排水室查看吸水活门是否堵塞，如堵塞则清除杂物。

⑥检查活塞门塞、活门座是否磨损，如有磨损，则更换部件。

（2）压力下降

①检查三角带是否松弛，如有松弛，则按照喷雾机使用手册调整。

②检查喷雾管是否破裂，喷雾管接头垫片是否破损，如喷雾管有破裂或接头垫片有破损，则更换。

（3）气缸室漏水

取下防尘盖，旋紧气缸室的3个迫紧压环，如仍有漏水，则更换气缸室内的V形迫紧及V形支撑环。

（4）喷雾量不够

如发现喷雾机喷雾量不够，可适当调节柱塞的调压手柄。

5.施药后药械的管护

①药械的清洗和保养。作业结束后，打开药箱底部的排水开关，将残余药液从排放口排出，并遵照农药生产单位提供的处理方法存放或处理。液泵在连续工作200h后需更换润滑油（新机为50h）。齿轮箱在连续工作50h后更换一次机油。

②药械的保管。清洗干净且晾干后，旋松控制阀调压手柄，将机器放在干燥通风的机库内，避免露天存放或与农药及具腐蚀性物质放在一起。将风筒降至最低，防止意外发生。根据实际使用情况，定期或不定期清理吸液管上的过滤器。

（四）手推式喷药机使用技术的实训或认知训练

教学人员现场示范，学生现场实操或观摩。

1.施药前的准备工作

①了解气象条件。喷雾前要观察气象，确保喷雾前后2h左右不下雨。喷雾时气温不宜太高，小于32℃为宜；无露水；风速小于3.5m/s及以下。

②检查喷药机。首先，要检查燃油、润滑油、轮子、塞泵等是否正常；发动机润滑油是否到油位；检查箱体是否漏水，进水口的滤网是否堵塞，塞泵是否处于正常状态。其次，做好泵体机出、入口各水管接口挂接与安装、装水（药）等工作。严禁将泥沙、杂物等带入液箱，以免堵塞管道或损坏喷头等。检查完毕后，启动喷药机且运行正常后，在塞泵上打开出水开关，此时药液经高压泵的作用由高压软管输送至喷枪，形成水滴直向喷出。此时，要检查喷药机各供液管道和喷嘴及其他衔接处是否会漏液，喷嘴喷射是否均匀，如不均匀可对喷嘴进行调整或清理。最后，当确认喷雾正常后，根据现场实际情况，调整好压力和水流形状。

③做好个人防护。工作人员应穿长袖衣、长裤和鞋帽（或胶鞋），扎紧袖口，戴上口罩和手套，以确保个人生命安全。

2.施药时的技术要领

①加药前，要检查风门、油门、开关、泵体的泄压阀、各水管衔接处和压力调节等是否正常。

②加药时，要充分搅拌箱体的药液；加水时，要注意箱体加注口位置的滤网是否完

整，防止泥沙和枯枝落叶等杂质混入箱体造成堵塞。如果所加药物是液体农药，直接从上方的药箱口加入，如果是粉末状农药，应先用水溶解，然后加入药箱内进行二次搅拌，粉状农药不可直接倒入，易产生结块，损伤管道，破坏机器。

③喷药前，必须将软管及喷枪拉出并放在一定位置，拉出的长度可根据现场实际情况而定，不可打开出水阀门后再拉管，容易产生伤人事件。

④喷药时，由于喷枪的枪身可以伸缩，在作业距离较远时，可拉长枪身以增加射程。往植物不同部分喷施时，对药液的形态要求也有所不同，叶片需要较为细小的雾滴状，树干则需要较为粗一点的水流状，这时可以旋转喷头进行转换。

⑤作业期间，注意不可过高或过大调节压力，否则会引起泵体的爆裂。在作业完成之后要进行泄压处理。

3.施药效果的评价

药液在植株上的覆盖率在35%以上；漏喷面积≤5%；喷洒后植株上的药液滴落速度＜80滴/min，沉积密度≥15个/cm^2。

4.常见故障及排除方法

（1）不能吸水或压力不稳定

①检查吸水管是否有松动或漏气，如发现漏气，则将其上紧或更换吸水管。

②检查吸水管有无堵塞，如发现堵塞，则清除杂物。

③检查泵体是否有损坏或破裂，如发现有磨损，则更换部件。

（2）压力下降

①检查三角带是否松弛，如有松弛，则按照喷药机使用手册进行调整。

②检查喷雾管是否破裂，喷雾管接头垫片是否破损，如喷雾管有破裂或接头垫片有破损，则更换部件。

（3）喷雾量不够

如发现喷药机出水量不够或者射程不远时，可适当调节柱塞的调压手柄。

5.施药后药械的管护

（1）药械的清洗和保养

①应注意在每次作业后对药桶和输药管路进行清洗，主要是通过向药箱内加入足量的清水，将喷药机开启，进行喷洒作业完成，可重复一次，以保证清洗质量达标。同时应定期对喷药系统的过滤器进行清洗和更换，以避免过滤器堵塞影响正常作业。

②清洗过程中应注意检查各喷头的工作情况，发现工作异常的喷头，应及时更换或修理，并注意检查各管路的工作情况，查看是否存在堵塞或泄漏问题，发现问题及时修复。

（2）药械的保管

药械不使用时，应将其放置于室内或棚内，尽量避免露天存放。若必须存放于室外时，应将喷药机的零件、橡胶件等拆下并放置于室内保存，并对喷药机进行适当的遮盖，避免长期日晒，机械老化。

（五）植保无人机使用技术的认知训练

教学人员现场示范，学生现场观摩。

1.施药前的准备工作

①适宜的气象条件。作业前要查询作业区域的温度、湿度、风向和风速等气象信息，确保作业前后2h左右无雨、无雾，气温不超过30℃，风速小于3m/s。雷雨天气禁止作业。

②技术熟练的操控人员。植保无人机操控人员必须获得相关机构的培训证书。操控人员不能在酒后及身体不适的状态下操控无人机，对农药过敏者亦不能操控无人机。

③规划合理的作业方案。根据作业林地的实际情况，设置植保无人机的飞行高度、速度、喷幅宽度、喷雾流量等参数。制订突发情况的处理预案。作业林地及周边应避免有影响安全飞行的高压线塔、电线等障碍物。作业林地及周边应有适合植保无人机起落的场地和飞行航线。国家规定的禁飞区域禁止飞行。

④合适的化学药剂。选择符合林业相关标准或规定，适合林业植保无人机要求的高效、低毒和低残留的化学药剂。

⑤安全可靠的设备。植保无人机必须是按标准生产的合格产品。作业前，要根据使用说明书检查植保无人机的完整性及辅助设备是否齐全；操控人员做好无人机的各项调试工作，确保植保无人机处于正常状态；做好备用蓄电池的检查工作。

⑥做好个人防护。工作人员应穿长袖衣裤、反光工作服和运动鞋，禁止穿拖鞋。扎紧袖口，戴上口罩、手套、安全帽和防眩光眼镜。

2.施药时的技术要领

①施药作业范围应严格按照作业方案执行，飞行距离控制在视距范围内。

②起降飞行应远离人群或障碍物5m以上，平行飞行应远离障碍物10m以上，并作相应减速飞行。

③操控人员使用对讲机通话必须简洁、明确，并且重复2次以上；作业过程中操控人员应关闭手机及其他有电磁干扰的设备。

④操控人员需在上风处，背对阳光操作。

⑤地面近距离维护保养时，必须切断动力电源，避免意外启动，发生事故。

3.施药效果的评价

在植保无人机作业过程中，需要在规定的时间段将药剂喷洒至规定的林分植株上，才能保证有较好的施药效果。其中，雾滴沉积效果是评价植保无人机喷施作业性能的重要指标，多用水敏纸采集喷药的雾滴以评价施药效果。在待施药林分中，按五点采样法随机选择若干采样点，每个样点随机选取主栽林木10株，各样株间隔10m，在每样株基部地表处放置水敏纸卡片1张。设置完毕后，工作人员撤至林外后植保无人机方能开始作业。作业完毕后，收集水敏纸，利用软件进行检测，得到本轮作业的有效喷幅宽度、雾滴沉积量、雾滴沉积密度、雾滴沉积的均匀性和穿透性、雾滴飘移率等结果，参考航空作业质量技术指标等相关文件，评估施药效果。

4.常见故障及排除方法

①飞行时间过长，马达转子容易出现高温烧坏线路，导致马达停止旋转产生坠机事故。所以，作业次数达到一定架次后，用手轻轻触碰马达位置，查看是否有高温异常，一旦有高温则停止起飞，待温度稍降才可启动再次作业。如高温尚未褪去，不可强行执行飞行启动指令，否则会烧毁电路板。

②不同品牌和价格的蓄电池续航能力差异较大，同时，随着充电次数的增多，会导致电池出现虚电的现象。在电池使用达到一定年限或者充电次数达到上限后，要随时关注蓄电池的真正蓄电量，保证电池能够按照正常标值工作，如出现虚电现象应更换电池。

③无人机出现GPS长时间无法定位情况，可能是因为GPS天线被屏蔽或被附近的电磁场干扰，此时需将屏蔽物移除；可能是因为GPS长时间不通电，本次操作地点与上次GPS定位的地点距离太远，或者是在无人机定位前打开了微波电源开关，此时可尝试关闭微波电源开关，关闭系统电源，间隔5s以上重新启动系统电源等待定位，如果还不能定位，可能是GPS自身性能出现了问题，需交给专业人员进行维修。

④与控制器断开连接，可能是信号不稳定。要求在无人机作业时，人机间尽量不要有遮挡物，或不在遮挡密度较大的区域进行无人机作业。如有条件，可用升降机进行辅助作业，但操控人员应保证升降机与无人机在同一平面，确保无人机能有稳定的信号源。

⑤无人机在自动飞行作业时偏离航线太远，应检查无人机是否调平，测量风向及风力，检查平衡仪放置的位置等。如因无人机未调平而偏航，应调整无人机至无人干预下能直飞和保持高度飞行；如因风力太大，则取消此次作业，直至达到作业时的风力要求再进行作业；如因平衡仪放错位置，应将无人机切换至手动状态，并将平衡仪置于合适的位置。

5.施药后药械的管护

①药械的清洗和保养。作业结束后，首先，将药箱装满清水，打开喷头开关完成清洗，清洗水溶液用专用容器装好，做无害化处理。其次，拆下喷头喷嘴，观察是否有堵塞情况。如有堵塞，可以更换或者清理堵塞物。最后，应用毛刷、镊子清除电机、结构件中的杂草、灰尘等杂物，清理完成将整机平稳放置在通风干燥处。

②药械的保管。植保无人机清洗干净且晾干后，第一，检查机器相关部件是否出现破损、松动等情况。如有，及时处理。第二，将机器装回包装箱内，避免露天存放。第三，定期更换齿轮油。第四，取出的电池要不定期检查，并单独存放于干燥且远离火源处，每2个月左右充1次电。

（六）直升机使用技术的认知训练

教学人员现场示范，学生现场观摩。

1.施药前的准备工作

①合理规划作业方案。在掌握本地区主要林业有害生物种类及其发生规律的基础上，制订详细的作业方案。明确本次作业的防治对象、范围与面积，选择合适的药剂种类与用量、机型和起降点，安排最佳的作业时间，提前告知作业避让区域与避让物，及时调查防治效果。

②选择适航的机型。根据林业有害生物防治种类、防治面积、防治效果和起降场等因素选择适航的直升机。

③选用适合直升机作业的农药喷洒设备、加药设备和药剂剂型。药剂应选用航空植保专用药剂。例如，药剂为液态制剂时，应选用含量高的油悬浮剂、微乳剂和徽胶囊悬

浮剂等。药液的混配应由专业人员按规范在防治作业现场进行。对于配制耗时长的农药和助剂等，在不影响药剂质量的情况下可提前配制。在条件允许的情况下，药液的配置原则上使用密闭自动设备混药。配制药液的浓度偏差应小于1%，药液加注量偏差应小于5%。

④选择具备直升机起降的场地。就近选择民航机场、军用机场或农用机场作为飞机起降地。如周边无合适的机场，可在野外选择合适的临时起降场，但应及时清理起降场周边的杂物，做好安全警戒，禁止无关人员进场或者靠近油库、药库等地，非执行飞行任务人员不得靠近飞机或乘坐飞机，以免影响飞行安全。飞机、燃油、药剂和工具等应由专人看管。

⑤如实上报和公告。向空军或民航部门如实申报作业计划和转场计划。在作业前1～2周，应通过手机、电视、广播和报纸等公共媒体或张贴公告等方式，向作业区域居民告知本次防治区域、时间、地点、使用药剂种类、防治有害生物种类和安全注意事项等信息。

⑥机组人员需具备飞行资质。因直升机超低空飞行、航速较快，林区作业环境复杂，作业危险系数较高，要求飞行员具备飞行资质，且飞行技术过硬。机组人员还需具备民航和公司规定的相应资质并具备操作、维护维修农药喷洒和加药设备的能力。

⑦备足油料。如计划在野外临时起降场作业时，应备足油料，以防万一。

⑧了解气象条件。飞机施药作业1～2d，向气象部门了解作业区域的气象条件和气流情况。一般情况下，温度为10～30℃，风速不超过4m/s，能见度大于2 km，作业后12h内无降雨的晴天均有利于飞防作业。

⑨设备检测与校准。飞机开始作业前，应对药液箱、喷杆压力、管道流量、电动雾化器转速、有效喷幅、喷幅分布模式和喷施率等进行校准或检测。

⑩安置采样片。在作业林分内，安置评价施药效果的水敏纸等采样片。

⑪做好个人防护。工作人员应穿长袖衣、长裤和鞋帽（或胶鞋），扎紧袖口，戴上口罩和手套，以确保个人生命安全。

2.施药时的技术要领

飞机驾驶员应根据防治作业方案，选择合适的飞行高度，尽量做到飞防区域全覆盖，避免重喷或漏喷。同时，应安排专人实时监控和记录每架次航迹、药物装载量等，测算施药覆盖率；当系统监控到飞行高度、作业范围等指标偏离作业方案和有关要求时，应及时通知改正。

3.施药效果的评价

作业结束后，按照相关文件规定，应收集汇总飞行作业轨迹、采样片等，核查作业质量。包括比对防治作业方案，测定雾滴大小、雾滴覆盖密度均匀性变异系数和亩用药量等指标。其中，施药覆盖率大于95%，施药区雾滴覆盖密度均匀性变异系数小于60%，亩用药量误差不超过5%时判定为合格。不在此范围，应安排补防或重防。

4.常见故障及排除方法

由于直升机是一个复杂的航空设备，其故障和排除方法均需由专业人士判断、决定，此处不做赘述。

5.施药后药械的管护

①药械的清洗和保养。直升机作业结束后，应选择专门地点对飞机机身及配药、混药、施药部件进行清洗，统一回收、定点处置盛药容器，严防药害事件的发生。剩余药液应遵照农药生产单位提供的处理方法存放或处理。

②药械的保管。直升机作业结束后，应转移至固定地点存放，由专业人士定期检查和保养。

四、作业

1.简述背负式手动喷雾器、背负式机动喷雾器、车载风送式远程喷雾机、手推式喷药机、植保无人机、植保直升机在防治林业害虫时适用的场景及其优点和不足。

2.假如某山地桉树林大面积发生油桐尺蛾，且为害极其严重，请你制订出一套较为系统的药械防治作业方案。

参考文献

彩万志，庞雄飞，花保祯，等，2011. 普通昆虫学 . 2 版 . 北京：中国农业大学出版社 .

蔡柏岐，牛瑶，2002. 我国三种蝼蛄的雄性生殖器鉴别 . 昆虫知识，39 (2): 152-153.

蔡荣权，1979. 中国经济昆虫志：第十六册 鳞翅目 舟蛾科 . 北京：科学出版社 .

陈宗懋，2000. 中国茶叶大辞典 . 北京：中国轻工业出版社 .

方文成，曹文聪，1988. 广西新松叶蜂生物学特性观察及防治试验研究 . 昆虫知识，25(5): 291-293.

关继东 . 林业有害生物控制技术 . 北京：中国林业出版社，2014.

郭武棣，2004. 液体制剂 . 3 版 . 北京：化学工业出版社 .

国家技术监督局，1996. 农药粉剂、可湿性粉剂细度测定方法：GB/T 16150—1995. 北京：中国标准出版社 .

国家林业和草原局，2021. 林业和草原主要灾害种类及其分级（试行）.

国家林业局，2012. 轻型直升机喷洒防治林业有害生物技术规程：LY/T 2024—2012. 北京：中国标准出版社 .

韩国生，2011. 林木有害生物识别与防治图鉴 . 辽宁：辽宁科学技术出版社 .

洪晓月，2018. 农业昆虫学实验与实习指导 . 2 版 . 北京：中国农业出版社 .

胡兴平，1991. 考氏白盾蚧形态研究（Homoptera: Coccoidea: Diaspididae）. 山东农业大学学报，22(3): 221-226.

黄金义，蒙美琼，1986. 林木病虫害防治图册 . 南宁：广西人民出版社 .

黄云，徐志宏，2015. 园艺植物保护学实验实习指导 . 北京：中国农业出版社 .

雷朝亮，荣秀兰，2003. 普通昆虫学 . 2 版 . 北京：中国农业出版社 .

李成德，2004. 森林昆虫学 . 北京：中国林业出版社 .

李德伟，吴耀军，黄华艳，2011. 桉树芽木虱生物学特性及防治研究 . 中国森林病虫，30(6): 21-24.

李孟楼，2010. 森林昆虫学通论 . 2 版 . 北京：中国林业出版社 .

罗佳，葛有茂，1997. 考氏白盾蚧生物学与天敌初步研究 . 福建农业大学学报，26(2): 67-72.

任立云，2018. 农药学实验原理与方法 . 北京：科学出版社 .

四川省质量技术监督局，2006. 背负式机动喷雾喷粉机施药技术规范：DB51/T 606—2006. 成都：四川省质量技术监督局 .

汤亮，胡佳耀，余之舟，等，2019. 采昆虫做标本 . 福州：海峡书局 .

王助引，于永浩，2016. 广西主栽作物主要害虫 . 南宁：广西科学技术出版社 .

王子清，1982. 中国经济昆虫志：第二十四册 同翅目 粉蚧科 . 北京：科学出版社 .

韦戈，陆温，郑霞林，2017. 广西白蚁. 南宁：广西科学技术出版社.

萧刚柔，1992. 中国森林昆虫. 2版. 北京：中国林业出版社.

谢寿安，陈辉，2013. 森林昆虫学研究方法与技术导论. 杨凌：西北农林科技大学出版社.

许再福，2010. 普通昆虫学实验与实习指导. 北京：科学出版社.

薛贤清，1992. 森林害虫预测预报. 北京：中国林业出版社.

杨集昆，1957. 大小黄三种地老虎的识别. 昆虫知识，3 (6): 274-278.

杨秀好，2013. 桉蝙蛾生物生态学特性的研究. 博士学位论文. 北京：北京林业大学.

杨秀好，庞正轰，2019. 广西林业有害生物概况. 北京：中国林业出版社.

臧楠，2007. 吉林省梢斑螟属 *Dioryctria* spp. 及其为害红松的4种梢斑螟生物学的研究. 长春：吉林农业大学.

张广学，钟铁森，1983. 中国经济昆虫志：第二十五册 同翅目 蚜虫类. 北京：科学出版社.

张秋平，韦丽花，唐卫，2020. 5%氯虫苯甲酰胺超低容量液剂：Q/TYN 327—2020. 南宁：广西田园生化股份有限公司.

赵春明，赵岩，2016. 植物保护专业综合实践. 北京：科学出版社.

赵仲苓，1978. 中国经济昆虫志：第十二册 鳞翅目 毒蛾科. 北京：科学出版社.

赵仲苓，2003. 中国动物志：昆虫纲 第三十卷 鳞翅目 毒蛾科. 北京：科学出版社.

郑裴能，洪锡午，韩德元，等，2000. 农药使用技术手册. 北京：中国农业出版社.

中国科学院动物研究所，1982. 中国蛾类图鉴Ⅲ. 北京：科学出版社.

中国农业百科全书总编辑委员会昆虫卷编辑委员会，1996. 中国农业百科全书：昆虫卷. 北京：中国农业出版社.

中国农业百科全书总编辑委员会林业卷编辑委员会，1989. 中国农业百科全书：林业卷（上）. 北京：农业出版社.

中国农作物病虫害编辑委员会. 中国农作物病虫害：下册. 北京：农业出版社，1981.

中华人民共和国国家质量监督检验检疫总局，2002. 农药可湿性粉剂润湿性测定方法：GB/T 5451—2001. 北京：中国标准出版社.

中华人民共和国国家质量监督检验检疫总局，2002. 农药乳液稳定性测定方法：GB/T 1603—2001. 北京：中国标准出版社.

中华人民共和国国家质量监督检验检疫总局，2004. 农药低温稳定性测定方法：GB/T 19137—2003. 北京：中国标准出版社.

中华人民共和国国家质量监督检验检疫总局，2004. 农药热贮稳定性测定方法：GB/T 19136—2003. 北京：中国标准出版社.

中华人民共和国国家质量监督检验检疫总局，中国国家标准化管理委员会，2007. 农药悬浮率测定方法：GB/T 14825—2006. 北京：中国标准出版社.

Beutel RG, Friedrich F, Yang XK, et al., 2013. Insect Morphology and Phylogeny: A Textbook for Students of Entomology. Warsaw: De Gruyter.

Chu HF, 1949. How to Know the Immature Insects. Dubuque: William C. Brown.

Common IFB, Waterhouse DF, 1972. Butterflies of Australia. Sydney: Angus & Robertson.

CSIRO, 1970. The Insects of Australia. Carlton: Melbourne University Press.

Evans ED, 1978. Megaloptera and Aquatic Neuroptera. In: An Introduction to the Aquatic Insects of North America. Kendall/Hunt. Dubuque: Kendall/Hunt.

Ferrar P, 1987. A Guide to the Breeding Habits and Immature Stages of Diptera cyclorrhapha. Entomonograph, 8: 352.

Gillott C, 2005. Entomology. Berlin: Springer Science & Business Media.

Gullan PJ, Cranston PS, 2005. The Insects: An outline of Entomology (3rd edition). London: Blackwell Publishing.

Gullan PJ, Cranston PS, 2014. The Insects: An Outline of Entomology. New Jersey: John Wiley & Sons.

Hodgson C, 2020. A review of neococcid scale insects (Hemiptera: Sternorrhyncha: Coccomorpha) based on the morphology of the adult males. Zootaxa, 4765(1): 1-264.

Noordam D,1991. Hormaphidinae from Java (Homoptera: Aphididae). Zoologische Verhandelingen, 270: 1-525.

Papadopoulou S, Kaydan M, Manganaris A, et al., 2020. First record of *Ceroplastes japonicus* (Gray) (Hemiptera: Coccidae) in Greece and a combined approach of morphological identification and DNA barcoding. Bulletin OEPP/EPPO Bulletin, 50(2): 299-303.

Rainato A, Pellizzari G, 2008. Redescription of the adult male and description of second-instar male, prepupa and pupa of *Ceroplastes japonicus* Green (Hemiptera: Coccoidea: Coccidae). Zootaxa, 1895(1): 25-38.

Smith JC, 2011. Japanese Rhinoceros Beetle (Allomyrina dichotoma). [2014-03-19].http://www.padil.gov.au.

Snodgrass RE, 1935. Principles of Insect Morphology. New York: Cornell University Press.

Tamesse JL, Laurentine S, Wenceslas Y, et al. , 2010. First record of *Blastopsylla occidentalis* Taylor, 1985 (Hemiptera: Psyllidae), a Eucalyptus psyllid in Cameroon, Central Africa. Entomological Research, 40(4): 211-216.

Thomas A, Ramamurthy VV, 2008. On the problems in diagnostics of cotton mealybug *Phenacoccus solenopsis* Tinsley (Hemiptera: Pseudococcidae). Entomon, 33(4): 277-282.

Yang FB, Xue XY, Cai C, et al. , 2018. Numerical simulation and analysis on spray drift movement of multirotor plant protection unmanned aerial vehicle. Energies, 11(9): 2399.

广西高等教育本科教学改革工程项目（2019JGZ101 & 2020JGA102）资助研究成果

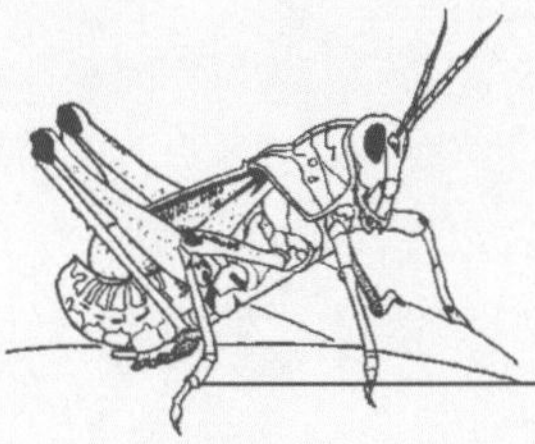

森林昆虫学

实验与实习指导

郑霞林　主编

中国农业出版社
北　京

图书在版编目（CIP）数据

森林昆虫学实验与实习指导/郑霞林主编.—北京：中国农业出版社，2022.4
ISBN 978-7-109-29289-5

Ⅰ.①森…　Ⅱ.①郑…　Ⅲ.①森林昆虫学－实验－高等学校－教学参考资料　Ⅳ.①S718.7-33

中国版本图书馆CIP数据核字（2022）第055851号

中国农业出版社出版
地址：北京市朝阳区麦子店街18号楼
邮编：100125
责任编辑：刁乾超　　文字编辑：黄璟冰
版式设计：李　文　　责任校对：刘丽香　　责任印制：王　宏
印刷：北京通州皇家印刷厂
版次：2022年4月第1版
印次：2022年4月北京第1次印刷
发行：新华书店北京发行所
开本：787mm×1092mm　1/16
印张：12
字数：270千字
定价：68.00元